成品

Illustrator CC

平面设计实战 从入门到精通

赵君韬 编著

清华大学出版社

北京

内 容 简 介

本书采用全新的讲授思路，配合 Illustrator CC 2019 版本，结合视觉设计师的标准工作流程进行讲解，详细介绍 Illustrator 的使用思路和设计技巧。

本书以市场上常见的设计类型为案例形式，让读者熟悉 Illustrator 制作流程，每个案例由设计分析、技术概述、操作步骤、拓展练习等部分组成，通过 9 章的篇幅，包括基础操作、图形设计实战、工业级图形设计实战、设计质感初级实战、字体设计实战、矢量配色设计实战、设计质感中级实战、设计质感高级实战和矢量终极效果实战，让读者掌握基础操作、图形设计、质感表现、配色设计、字体设计、图案设计、UI 设计、插画设计、工业设计的方法和技巧。

本书内容丰富，结构合理，不仅适合平面设计的初学者，也适合有一定基础的中级读者，可作为高等院校平面设计课程的教材。

图书在版编目(CIP)数据

成品：Illustrator CC平面设计实战从入门到精通 / 赵君韬编著. —北京：清华大学出版社，2020.10
ISBN 978-7-302-54979-6

Ⅰ. ①成…　Ⅱ. ①赵…　Ⅲ. ①平面设计—图形软件—教材　Ⅳ. ①TP391.412

中国版本图书馆 CIP 数据核字(2020)第 030561 号

责任编辑：李　磊　焦昭君
封面设计：杨　曦
版式设计：孔祥峰
责任校对：成凤进
责任印制：宋　林

出版发行：清华大学出版社
　　　　　网　　　址：http://www.tup.com.cn，http://www.wqbook.com
　　　　　地　　　址：北京清华大学学研大厦 A 座　　　　邮　　编：100084
　　　　　社 总 机：010-62770175　　　　　　　　　　　邮　　购：010-62786544
　　　　　投稿与读者服务：010-62776969，c-service@tup.tsinghua.edu.cn
　　　　　质 量 反 馈：010-62772015，zhiliang@tup.tsinghua.edu.cn
印 装 者：三河市铭诚印务有限公司
经　　销：全国新华书店
开　　本：185mm×260mm　　印　　张：12.25　　字　　数：362 千字
版　　次：2020 年 11 月第 1 版　　印　　次：2020 年 11 月第 1 次印刷
定　　价：69.00 元

产品编号：066573-01

前言

　　1987年，Illustrator正式诞生。这一年是开创数字出版和设计新纪元的一年，这一年对传统设计行业来说是具有里程碑意义的一年。Adobe联合创始人John Warnock说道："很多人都说优秀的设计就要被我们毁掉了，因为有了Illustrator，人人都能做设计。但是是金子总会发光的。创造力是寓于设计之中的，那些使用工具的人才是创造力之所在。"

　　Illustrator最初的特征在于"贝塞尔曲线"的应用，使操作简单、功能强大的矢量绘图成为可能。现如今，基于矢量的Illustrator可以制作各种尺寸的设计作品，大到户外巨幅广告牌，小到标志标签，都可以精细显示与输出，被广泛应用于Web、移动图形、标志、书籍插图、产品包装及电子产品制作中。数以万计的设计师和艺术家使用Illustrator CC每月创作的平面作品超过18亿件，使Illustrator成为全球最著名的矢量图形软件之一。

　　本书采用全新的讲授思路，配合Illustrator CC 2019版本，结合视觉设计师的标准工作流程进行讲解，详细介绍Illustrator的使用思路和设计技巧。内容不仅适合初学者，也适合有一定基础的中级读者，读者可根据自己的水平选择需要阅读的章节。

　　本书通过建立设计思维框架、完善设计工具框架、提升设计效果框架的顺序，帮助初学者建立设计思维逻辑框架，使初学者能够利用此设计思维逻辑框架解决各种纷乱复杂的设计难点，制作出符合商业设计标准的矢量作品。第1~3章内容将帮助初学者建立设计思维框架，能够快速熟悉Illustrator CC的设计思路和制作内容，并通过案例剖析和操作演示让初学者解决初级设计问题。第4~6章内容从质感、字体、配色等方面详细讲解如何提升Illustrator CC技法，让有一定基础的设计师能够从中获取设计灵感和设计思路。第7~9章内容将为读者介绍掌握Illustrator CC高级操作的技巧内容，将带领读者认识难度最大的矢量绘画效果的制作秘密。各章节具体内容如下。

　　第1章 基础操作：从初级设计文档开始，介绍设计的两大设计载体——"电子显示类"和"印刷打印类"的设计技巧，包括如何新建文档、设置参考线、导入素材和保存文件。让初学者能够以最快的速度掌握设计的基本思路，为工具的学习建立设计思维框架。

　　第2章 图形设计实战：从简单的UI图标设计开始入门，学习标准几何工具的使用方法，并通过熟练掌握工具，完成UI图标、标志、徽标等设计内容的制作。

　　第3章 工业级图形设计实战：从中等难度的标志图形入手，学习如何使用更加自由多变的"钢笔工具"完成工业级矢量曲线图形的绘制，并将难度逐步提高，学习矢量卡通插图的绘制。

　　第4章 设计质感初级实战：从本章开始，将为前面三章的学习内容添加更加丰富多变的质感效果，学习如何利用颜色和"渐变工具"为手机图标提升画面质感，巩固第一部分设计思维框架中的工具熟练度和效果提升方法。

　　第5章 字体设计实战：从设计师经常会涉及的海报字体入手，学习如何利用文字、画笔、铅笔等工具制作平面型海报文字的方法。

第6章 矢量配色设计实战：从配色技巧入手，通过软件功能的学习将颜色搭配这一难点解决。本章知识不仅可以让初学者瞬间解决配色难的问题，还能够让有一定基础的设计师也有所收获。

第7章 设计质感中级实战：本章从完成更为复杂的质感效果入手，介绍如何使用混合等工具制作混色渐变、透明水滴和图案拼贴的方法和技巧。

第8章 设计质感高级实战：立体型文字作为升级版的海报字体案例，将在本章中详细介绍，使用更为复杂的练习案例使读者掌握更加多样的海报字体的设计思路。

第9章 矢量终极效果实战：绘制超写实矢量绘画作品一直是Illustrator CC的难点，本章将完美解析超写实矢量绘画作品的绘制方法和技巧，使读者能够在学完本书后，完成顶级的超写实矢量绘画作品，荣登Illustrator高手榜单。

作者工作在设计教育的第一线，书中的经典案例是为初学者量身定制、循序渐进的练习内容，不仅能够带领读者由浅入深地学习Illustrator，短时间抓住软件操作重点，还针对设计问题来进行设计流程逻辑思考。书中收纳了作者多年教学工作的心得经验，还包含对初学者如何快速提升实战水平的思考。书中不仅凝结了作者丰富的设计经验，还集纳了许多顶尖电脑艺术作品水平的精美案例，能让读者在享受丰富视觉大餐的同时，激发浓厚的学习兴趣，能够从中学习到Illustrator的核心知识，更加深入地投入工作中。

本书由赵君韬编著，都莎莎、胥金路、杨健、赵赫、杨思雨、杨瑞、李仪、周影、黄平平、靖培培等人参与了部分编写工作。虽然在写作过程中，力求将最完美的效果呈现给读者，但书中难免有疏漏和不足之处，恳请广大读者批评指正。

本书配套的立体化教学资源中提供了书中所有案例的素材文件、效果文件、教学视频和PPT课件。读者在学习时可扫描下面的二维码，然后将内容推送到自己的邮箱中，即可下载获取相应的资源。

编　者

目录

第1章
基础操作

"新建文档"是每个设计师都必须设置的步骤，但很多设计师都会忽略"新建文档"的重要性，如图1-1所示。总觉得后期可以修改，前期随意设置就行。但这恰恰是优秀设计师和普通设计师的区别所在。良好的操作习惯和系统的设计方法，将是决定最终设计是否能够成功的关键。

Illustrator CC可创建的文档类型非常多。根据作品呈现媒介，分为两大类型：面向"电子显示"的文档和面向"印刷打印"的文档。

1.1.1 设计分析

"电子显示类"文档指最终呈现的媒介为电子显示屏幕的设计类型，设备有电视、电脑、手机、iPad、投影仪等电子显示设备，基于这些设备呈现的设计作品有电视电影广告、Web网页、朋友圈广告、手机UI界面、淘宝店铺、PPT演示等。Illustrator CC的"新建文档"中"移动设备""Web""胶片和视频"均属于这一类型，如图1-2至图1-4所示。

图1-1 新建文档

图1-2 移动设备

图1-3 Web

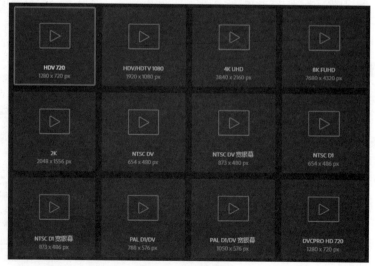

图1-4 胶片和视频

　　设置这一设计类型的关键在于"单位"选择"像素"，"颜色模式"选择"RGB颜色"，如图1-5和图1-6所示。

图1-5　单位设置

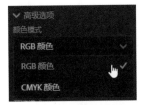

图1-6　颜色模式设置

1.1.2　技术概述

　　本节使用的工具有选择工具、"对齐"面板等；使用的命令有新建文档、自由缩放操作、置入、Shift键操作、对齐参考物设置、保存等。

1.1.3　操作步骤

1. 新建文档

　　执行菜单"文件"/"新建"命令或按Ctrl+N键，打开"新建文档"对话框。设置名称为"朋友圈广告"，"单位"为"像素"，"宽度"为"1080px"，"高度"为"1920px"，"颜色模式"为"RGB颜色"，单击"创建"按钮，如图1-7所示。

2. 置入素材

■1 执行菜单"文件"/"置入"命令或按Shift+Ctrl+P键，打开"置入"对话框。按住键盘上的Ctrl键，依次选择"背景""肌理""文字1""文字2""文字3""文字4""文字5"等素材，单击"置入"按钮确认。

■2 这时鼠标变为置入状态。在空白文档内单击鼠标左键，置入一张素材图。依次单击置入多个素材，如图1-8所示。

■3 切换至工具箱中的"选择工具" ▶，或按键盘上的V键切换。

■4 在文档内按住鼠标左键，从素材左上角拖曳至右下角，如图1-9所示。松开鼠标后，全选所有素材图，如图1-10所示。

■5 将所有素材图移动至文档左侧。按住Shift键，拖曳右下角的选框控制柄，将素材图等比例放大至文档大小，以素材背景图大小为准，如图1-11所示。

图1-7　新建文档

图1-8　置入后的素材图片

图1-9　拖曳鼠标

图1-10　全选素材图

图1-11　等比放大素材图

3. 调整素材

1 保持全选的状态，执行菜单"窗口"/"对齐"命令或按Shift+F7键，打开"对齐"面板，如图1-12所示。

2 单击"水平左对齐"按钮，如图1-13所示。执行后效果如图1-14所示。在空白处单击鼠标取消全选状态，以免发生误操作，如图1-15所示。

3 使用"选择工具"  依次单击单个素材移动位置。配合键盘上的"方向键"进行距离微调，放置好后取消选择状态，最终效果如图1-16所示。

4 使用"选择工具"全选所有素材图，并单击"背景"素材，将"背景"素材作为对齐参照物，会发现"背景"素材的选择状态明显粗于其他素材。单击"水平居中对齐"按钮，如图1-17所示。

图1-12 "对齐"面板

图1-13 水平左对齐

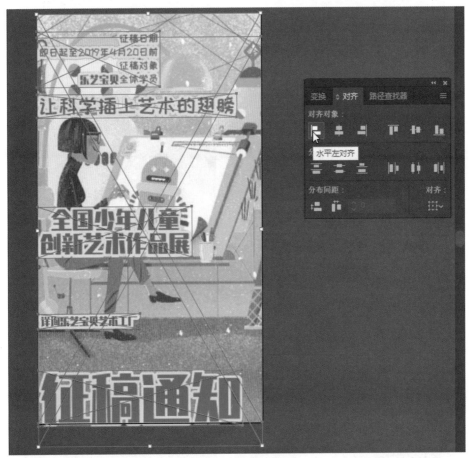

图1-14 水平左对齐效果

图1-15 取消选择状态

图1-16 移动素材后效果

图1-17 以背景为对齐参照物

5 按住Shift键分别单击图中的两幅素材，单击"水平右对齐"按钮，如图1-18所示。

图1-18 水平右对齐

4. 保存文档

1 配合Ctrl++和Ctrl+-键来缩放视图大小，查看最终效果。执行菜单"文件"/"存储"命令或按Ctrl+S键，打开"存储为"对话框。

2 左侧列表选择存储位置为"桌面"，"文件名"为"朋友圈广告"，"保存类型"为"Adobe Illustrator(*.AI)"，如图1-19所示。单击"保存"按钮，弹出"Illustrator选项"设置，单击"确定"按钮，保存文档至桌面，如图1-20所示。

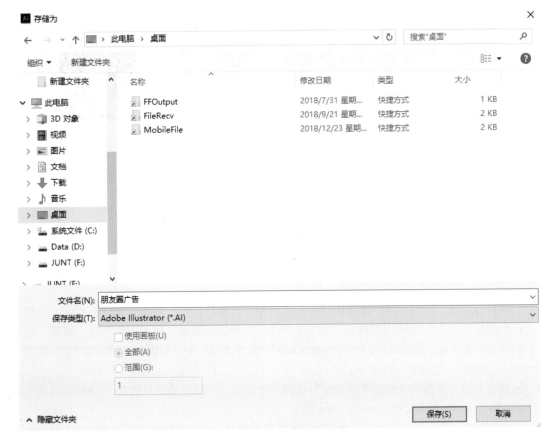

图1-19 存储至桌面

3 在计算机桌面上可以找到刚刚保存的"朋友圈广告"源文件，如图1-21所示。

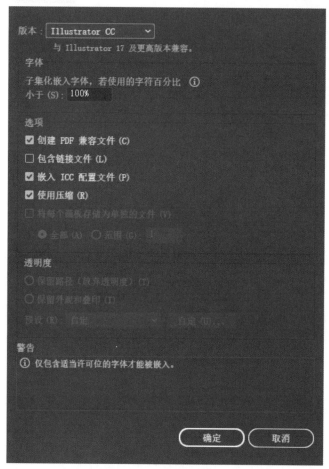

图1-20　文档设置

图1-21　桌面上的源文件

1.2　设置"印刷打印类"文档

1.2.1　设计分析

　　"印刷打印类"文档指最终呈现的媒介为"纸张"等载体的设计类型。载体有纸张、瓦楞纸箱、广告布等现实中的打印印刷材料，基于此类的设计作品有海报、名片、包装盒、展架、易拉宝、画册、广告灯箱、手提袋等。Illustrator CC的"新建文档"中"打印""图稿和插图"均属于这一类型，如图1-22和图1-23所示。

　　设置这一设计类型的关键在于"单位"选择"mm"，"颜色模式"选择"CMYK颜色"，"出血"需要根据纸张厚度在1mm到5mm之间。

　　"出血"是印刷业的专业术语，指超出印刷区域的部分。这部分区域由于需要被钢刀裁掉，裁切不准确时会出现白边，所以在裁切时设定一个范围来避免误差。通常情况下"出血"设置为3mm左右。根据纸张的厚度，名片彩页为2～3mm，书籍为三边出血3mm，纸箱子多为5mm。

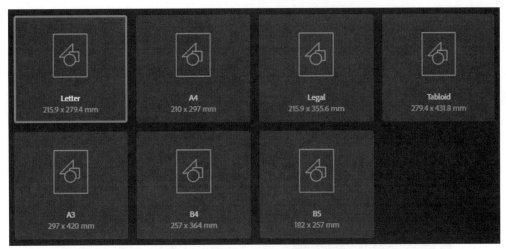

图1-22 打印类型

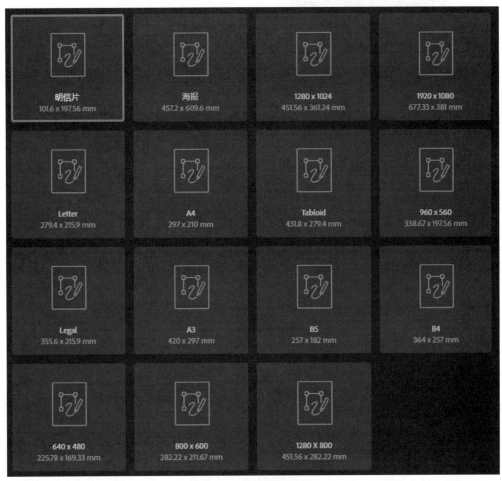

图1-23 图稿和插图类型

1.2.2 技术概述

本节使用的工具有选择工具、"对齐"面板、"图层"面板、矩形工具、填色与描边、"透明度"面板等；使用的命令有新建、打开、标尺、排列文档、保存等。

↘ 1.2.3 操作步骤

1. 新建文档

1 执行菜单"文件"/"新建"命令或按Ctrl+N键，打开"新建文档"对话框。设置"名称"为"艺术护照"，"单位"为"毫米"，"宽度"为200mm，"高度"为140mm，"出血"均为3mm。单击"高级选项"按钮展开更多选项，设置"颜色模式"为"CMYK颜色"，"光栅效果"为"高(300ppi)"，"预览模式"为"默认值"，单击"创建"按钮，如图1-24所示。

2 文档新建后，配合Ctrl++和Ctrl+-键进行视图缩放，或双击"抓手工具"调整视图至适合大小，如图1-25所示。

图1-24 新建艺术护照

图1-25 双击"抓手工具"调整视图

2. 设置参考线

1 执行菜单"视图"/"标尺"/"显示标尺"命令或按Ctrl+R键，调出标尺，如图1-26所示。

2 设置"版心"参考线。将鼠标移动至标尺上，如图1-27所示。按住鼠标左键拖曳出参考线，可

图1-26 标尺

在拖曳时配合按住Shift键吸附标尺，拖曳至图中位置，如图1-28所示。从纵横两个标尺分别拖曳出参考线至图中位置，如图1-29所示。

3 设置"中线"参考线。使用同样的方法拖曳出参考线，按住Shift键拖曳参考线至100mm处，如图1-30所示。

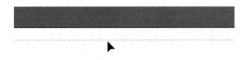

图1-27 移动至标尺上　　　　　　　图1-28 拖曳至文档中

图1-29 设置四条参考线

图1-30 设置中线

4 将该图层锁定并命名。在"图层"面板中将该图层锁定，如图1-31所示。并双击图层名称，更改图层名称为"参考线"，如图1-32所示。单击"创建新图层"按钮，如图1-33所示，创建新图层并重新命名为"制作层"，如图1-34所示。

图1-31　锁定图层

图1-32　命名图层

图1-33　创建新图层

图1-34　命名图层

3. 导入素材

1 执行菜单"文件"/"打开"命令或按Ctrl+O键，激活"打开"对话框，打开"艺术护照素材"文件。

2 单击菜单栏中的"排列文档"/"双联"按钮，如图1-35所示。将两个文档并排显示，可配合Ctrl+0键来调整视图大小，如图1-36所示。

图1-35　双联命令

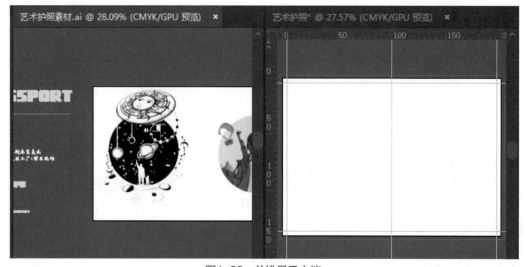

图1-36　并排显示文档

3 使用"选择工具"全选素材，将素材拖曳至"艺术护照"文档，如图1-37所示。

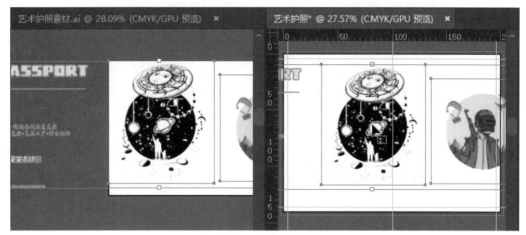

图1-37 拖曳素材

4 在工具栏中选择"矩形工具"，如图1-38所示，在文档内拖曳出和红色出血线范围大小一样的矩形，如图1-39所示。出血线的作用就体现在这一步，需要将有颜色的图形对齐到红色出血线上，而不能对齐到文档线上，便于裁刀裁切。

图1-38 矩形工具

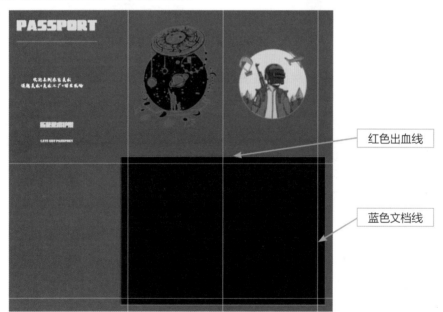

图1-39 拖曳出矩形

5 双击工具箱中的"填色"按钮，如图1-40所示。弹出"拾色器"对话框，选择蓝色，单击"确定"按钮，如图1-41所示。

6 单击工具箱中的"描边"按钮，激活描边，如图1-42所示。单击"无色"按钮，将描边设置为"无色"，如图1-43所示。

图1-40 填色

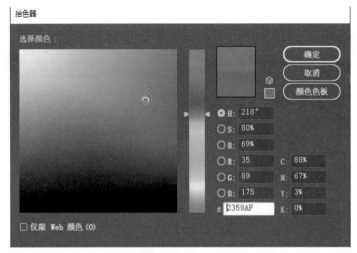

图1-41　拾色器

图1-42　描边

图1-43　无色

4. 调整素材

1 使用"选择工具"选择图中素材，将其拖曳至文档内，如图1-44所示。由于是先导入的素材后绘制的矩形，所以矩形会遮盖住素材。可以按Ctrl+Shift+】键将素材调整至最上方，如图1-45所示。使用同样的方法拖曳调整第二个素材，如图1-46所示。

图1-44　拖曳素材

图1-45　调整顺序

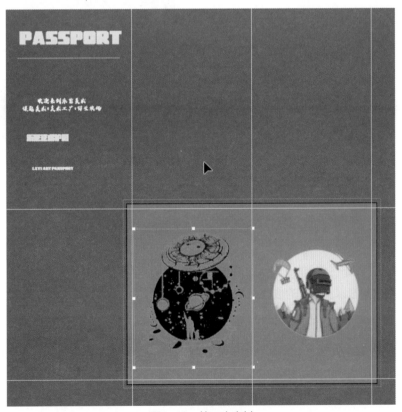

图1-46　第二个素材

2 在"透明度"面板中将此图的"图层混合模式"设置为"滤色",如图1-47所示。

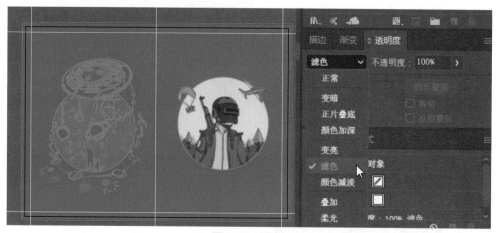

图1-47　滤色

3 将其余文字拖曳至文档中,调整前后顺序,使其显示。配合"对齐"面板,参考最终效果进行位置对齐,如图1-48所示。

5. 保存文档

执行菜单"文件"/"存储"命令或按Ctrl+S键,保存文档。

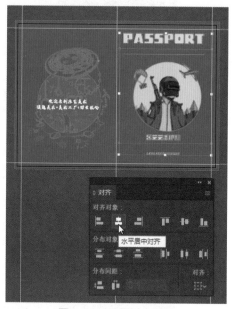

图1-48　设置其余素材

1.3　便于操作的工作区

在Illustrator CC中,工作区的面板和工具栏可以自定义设置。可根据自己的需要来定制工作区中面板和工具栏的数量以及摆放的位置。

1.3.1　常用界面布局分析

Illustrator CC的"界面布局"与"制作类型"一样分为两大类:电子显示类和印刷打印类。可以根据需要来选择相应的界面布局。

1.3.2 技术概述

本节使用的工具有选择工具、"透明度"面板等；使用的命令有打开、工作区、剪切蒙版、图层混合模式、保存等。

1.3.3 操作步骤

1. 打开素材

1 执行菜单"文件"/"打开"命令或按Ctrl+O键，打开"常用界面设置"文档。

2 使用Ctrl++或Ctrl+-键调整视图至合适状态。

3 本节案例将使用"上色"工作区，执行菜单"窗口"/"工作区"/"上色"命令，激活"上色"工作区。可单击图中三角隐藏面板，如图1-49所示。拖曳"面板标签"移动该面板，如图1-50所示。

图1-49 上色工作区

4 工具栏也可通过单击三角更改显示方式，如图1-51所示。CC 2019版本默认为简化的基本工具栏，执行菜单"窗口"/"工具栏"/"高级"命令，激活完整版工具栏。

图1-50 拖曳面板标签　　　图1-51 折叠工具栏

2. 调整素材

1 使用"选择工具"移动图中素材至合适位置，如图1-52所示。移动其他素材，如图1-53所示。

2 使用"选择工具"全选图中两个素材，如图1-54所示。执行菜单"对象"/"剪切蒙版"/"建立"命令或按Ctrl+7键，执行"剪切蒙版"效果，如图1-55所示。

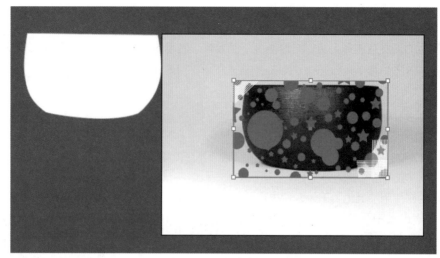

图1-52　移动素材1

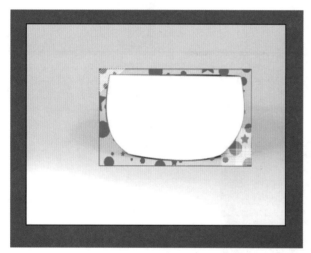

图1-53　移动素材2

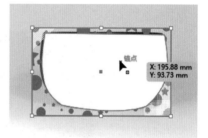

图1-54　全选素材

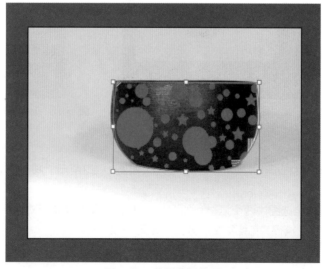

图1-55　剪切蒙版效果

3.添加效果

选择图形，在"透明度"面板中设置"图层混合模式"为"差值"，效果如图1-56所示。

4.保存文档

执行菜单"文件"/"存储"命令或按Ctrl+S键，保存文档。

图1-56 差值效果

1.4 个性化界面布局

Illustrator CC在自定义工作区方面进行了较多改进。不仅可以设定工作区面板的摆放，也可以根据需要选择工具栏内的工具。

1.4.1 设计分析

本案例通过为茶具添加图案设计来熟悉Illustrator CC的自定义界面和相关设置。主要熟悉工具栏的自定义设定、面板的自定义操作、Ctrl+K的设定等。

1.4.2 技术概述

本节使用的工具有选择工具、"透明度"面板等；使用的命令有打开、工作区、编辑工具栏、新建工具栏、新建工作区、首选项、剪切蒙版、图层混合模式、保存等。

1.4.3 操作步骤

1.打开素材

1 执行菜单"文件"/"打开"命令或按Ctrl+O键，打开"个性化界面设置"文档。

2 使用Ctrl++或Ctrl+-键调整视图至合适状态。

3 Illustrator CC可以自定义个性工作区，推荐只保留常用的面板和工具栏，最大化扩展工作区。切换工作区为"传统基本功能"。

4 拖曳出不需要的面板并将其关闭。将面板摆放至图中状态，如图1-57所示。

5 单击工具栏下方的"编辑工具栏"按钮，将工具栏中不常用的工具拖曳至右侧"所有工具"内，即可删除工具栏内的工具，如图1-58所示。将工具栏拖曳至右侧和面板并排放置，如图1-59所示。

图1-57 调整后的面板

图1-58　自定义工具栏

图1-59　工具栏和面板并排摆放

6 执行菜单"窗口"/"工作区"/"新建工作区"命令，打开"新建工作区"对话框，如图1-60所示。输入工作区名称，单击"确定"按钮，在菜单"窗口"/"工作区"中可找到存储的工作区，如图1-61所示。

7 Illustrator CC的工具栏支持自定义设定。执行菜单"窗口"/"工具栏"/"新建工具栏"命令，打开"新建工具栏"对话框，输入工具栏名称，单击"确定"按钮，如图1-62所示。打开自定义工具栏，可根据需要拖曳相应工具至工具栏内，如图1-63所示。

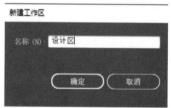

图1-60　"新建工作区"对话框

图1-61　存储的工作区

图1-62　"新建工具栏"对话框

图1-63　自定义工具栏

2. 调整素材

1 使用"选择工具"选择并移动素材至图中位置，如图1-64和图1-65所示。茶杯的黑色图形位置需要微调，可以设定Illustrator CC的微调数值来精确调整。

2 执行菜单"编辑"/"首选项"/"常规"命令或按Ctrl+K键，打开"首选项"对话框。

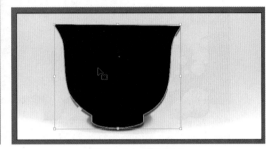

图1-64 移动素材 图1-65 移动素材

3 设置"常规"选项卡，如图1-66所示。

"键盘增量"为0.1mm：设定键盘方向键微调图形时的距离。

勾选"变换图案拼贴"：图形填充图案后，移动图形内部图案跟随移动、变换。

勾选"缩放圆角"：缩放圆角矩形时，圆角跟随缩放。

勾选"缩放描边和效果"：缩放图形时，描边跟随缩放。

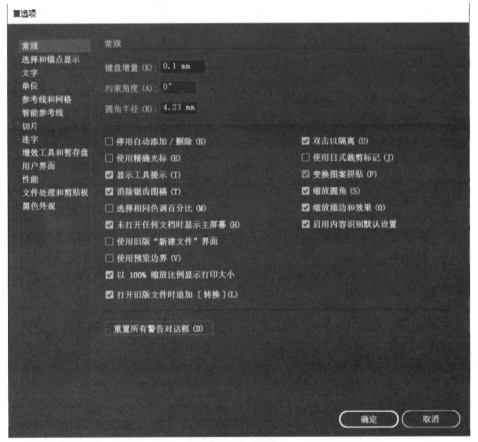

图1-66 常规

4 设置"增效工具和暂存盘"选项卡，如图1-67所示。

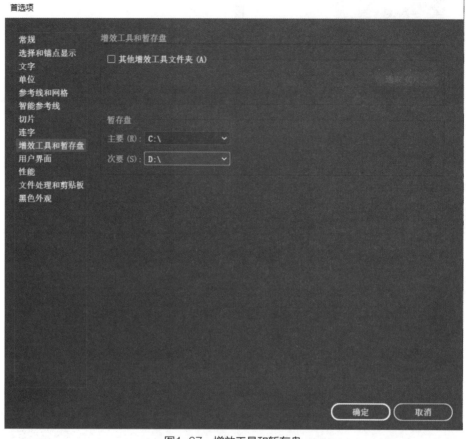

图1-67 增效工具和暂存盘

暂存盘设置原则：将主要和次要暂存盘选择存储空间最大的盘符，尽量不要设置为C盘，以减轻C盘缓存压力。在制作文件量较大的文件时，避免出现内存不足的情况，而导致保存不了文件。单击"确定"按钮保存设置。

5 使用"选择工具"选择茶杯图形，按键盘方向键进行位置微调，将图形和茶杯位置对齐，如图1-68所示。

6 使用"选择工具"全选两个素材图形，执行菜单"对象"/"剪切蒙版"/"建立"命令或按Ctrl+7键，建立剪切蒙版，如图1-69所示。

7 保持选择状态，在"透明度"面板中设置"图层混合模式"为"差值"，如图1-70所示。最终效果如图1-71所示。

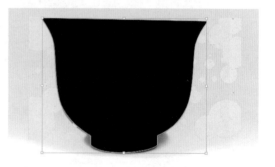

图1-68 移动图形位置

图1-69 剪切蒙版效果

图1-70 差值混合

图1-71 混合后效果

3. 保存文档

执行菜单"文件"/"存储"命令或按Ctrl+S键，保存文档。

1.5 保存正确的文档

由于设计工作具有时间长、工作环境复杂的特点，就需要结合针对不同情况来选择是"保存"还是"导出"。

Illustrator CC可以保存6种文件格式，执行菜单"文件"/"存储"命令或按Ctrl+S键，打开"存储为"对话框。在"保存类型"下拉列表中可看到6种文件类型，分别为AI、PDF、EPS、AIT、SVG、SVGZ，这6种格式均可以保存Illustrator CC的矢量编辑功能。其中AI是Illustrator CC的标准编辑文档格式，能够最大限度保存Illustrator CC的效果，你的设计文档都需要保存一个AI格式的文档，便于下次更改。

1.5.1 设计分析

Illustrator CC的"保存"方法在之前已经使用过很多次，本节将使用之前的案例来讲解保存这几种类型的特点。

1.5.2 技术概述

本节使用的工具有选择工具；使用的命令有置入、保存和打开等。

↘ 1.5.3 操作步骤

1. 新建文档

1 参考1.1节的"朋友圈广告"案例，将文件重新制作至"2.置入素材"中第1步，打开"置入"对话框，注意勾选下方的"链接"选项，单击"置入"按钮，如图1-72所示。

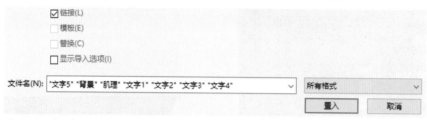

图1-72 "置入"对话框

2 这时鼠标变形为置入状态。在空白文档内单击鼠标左键置入一张素材图。依次单击置入多个素材。

3 选择工具箱中的"选择工具"，或按V键切换。

4 单击单个素材图片，会发现图片上有X型选择线，如图1-73所示。这表示当前图片只是一个缩略图，并没有真正地置入文档中。在这个状态下制作的文件，保存成AI格式时，文档内并没有这几张素材图。这样的好处是文件量会很小，坏处是当只复制这个AI文件到其他计算机上打开时，会提示图片丢失，如图1-74所示。这就是因为图片并没有在文档内部。

2. 保存文档

1 如果需要在其他计算机上正常打开文档，而不丢失图片。可在保存时选择保存类型为EPS格式。打开"EPS选项"对话框，如图1-75所示。EPS默认为勾选"包含链接文件"。这个选项就可以解决上面图片丢失的问题。

2 在保存好的"朋友圈广告.EPS"文件上单击鼠标右键，在弹出的菜单中选择"属性"命令，查看文件量，如图1-76所示。由于EPS格式内嵌了所有图片，所以EPS格式的文件量"大小"和"占用空间"要远超AI格式，如图1-77所示。

图1-73 图片显示状态

图1-74 提示链接图片丢失

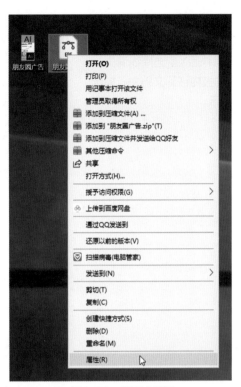

图1-75 EPS设置　　　　　　　　　　　　图1-76 查看文件量

图1-77 文件量对比

3 将保存的"朋友圈广告.EPS"格式文件打开后，会发现选择图片后X型选择线消失，图片自动被内嵌到文档中，如图1-78所示。

图1-78　选择图片状态

1.6　导出合适的文档

Illustrator CC可以导出15种文件格式。执行菜单"文件"/"导出"/"导出为"命令，打开"导出"对话框。在"保存类型"中可看到这15种文件格式，分别为DWG、DXF、BMP、CSS、SWF、JPEG、PCT、PSD、PNG、SVG、TGA、TIF、WMF、TXT、EMF。这15种格式可以将文件导出为其他软件可以使用的格式。常用的有Photoshop的PSD格式、用于查看图片的JPEG格式、支持透明的PNG格式、用于高清印刷的TIF格式等。根据用途不同，可以选择相应的文档格式。

1.6.1　设计分析

本节将结合鞋的图案设计，熟悉Illustrator CC导出素材的步骤和方法。这里需要配合Photoshop CC 2019的基础操作。基本思路为：打开Illustrator CC的素材，将其导出为透明的PNG格式；然后将其导入Photoshop CC 2019的素材中进行图案合成。

1.6.2 技术概述

本节使用的工具有Photoshop的移动工具、橡皮擦、图层等；使用的命令有Illustrator的打开、导出等，Photoshop的置入、栅格化、剪切蒙版、Ctrl+T、保存等。

1.6.3 操作步骤

1. 使用Illustrator打开素材

1 执行菜单"文件"/"打开"命令或按Ctrl+O键，打开"素材导出"文档。

2 执行菜单"文件"/"导出"/"导出为"命令，打开"导出"对话框，在"保存类型"中选择PNG，如图1-79所示。单击"导出"按钮，打开"PNG选项"对话框，如图1-80所示。本节案例选择"分辨率"为300ppi。分辨率的不同关系到图片质量的不同，你可以将图片分别保存成"屏幕(72ppi)""中(150ppi)""高(300ppi)"，并进行后面步骤的操作，查看不同的效果。将文件保存至桌面。

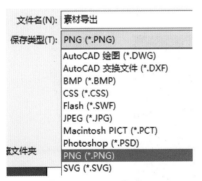

图1-79 PNG格式　　　　　　　　　图1-80 PNG选项

3 为了看到不同文件格式之间的区别，可以再导出"JPEG格式"，和"PNG格式"进行对比。再次执行菜单"文件"/"导出"/"导出为"命令，打开"导出"对话框，在"保存类型"中选择JPEG，如图1-81所示。单击"导出"按钮，打开"JPEG选项"对话框，如图1-82所示。本节案例选择"品质"为最高、"分辨率"为300ppi。将文件保存至桌面。你可以分别保存不同的JPG设置，选择不同"品质"和"分辨率"，看下各自的区别。

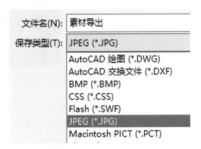

图1-81 JPG类型

4 桌面上出现同一文件的两种不同的文件格式，如图1-83所示。

5 至此，Illustrator的操作部分结束。为了了解不同文件格式的区别，接下来需要借助Photoshop来完成。

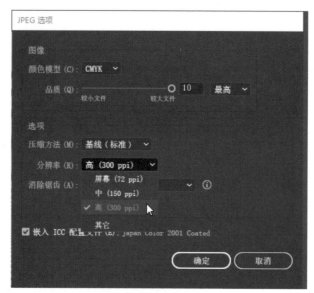

图1-82　JPEG选项

图1-83　两种文件格式

2. 使用Photoshop打开素材

1 打开Photoshop(简称PS)，Photoshop的快捷键和Illustrator通用。执行菜单"文件"/"打开"命令或按Ctrl+O键，打开"素材鞋"文档。右下角的"图层"面板中已经准备好两个图层——"背景"和"图层2"，如图1-84所示。

图1-84　使用PS打开素材鞋

2 接下来可以分别置入AI导出的两种不同文件，查看彼此之间的区别。

3 执行菜单"文件"/"置入嵌入对象"命令，打开"素材导出.png"文档，如图1-85所示。刚才使用AI导出的PNG文档被置入文档内，会发现PNG文件呈现透明状态，可以显示出下方的鞋子。同时右下角"图层"面板中出现一个新的"素材导出"图层。注意该图层的缩略图状态。

4 再次执行菜单"文件"/"置入嵌入对象"命令，打开"素材导出.JPG"文档，如图1-86所示。会看到JPEG文件不是半透明状态，图中白色底色遮盖住下方的鞋子。这就是JPEG和PNG格式的区别。JPEG文件仅支持图片的查看，多用于成品图片的预览，网络上传输的静态图片多为该格式；PNG文件则可支持半透明状态，多用于多个图片的合成。现在可以删掉JPEG文件，保留PNG格式进行下一步操作。

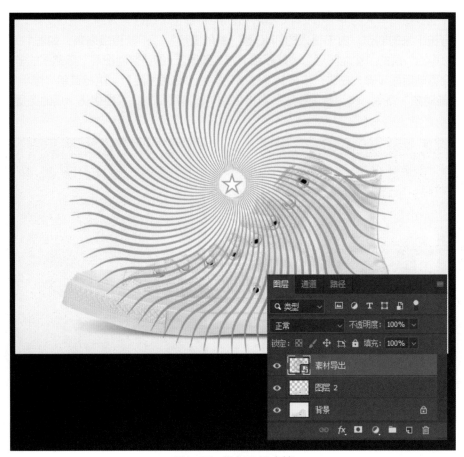

图1-85　置入PNG文档

图1-86　置入JPEG文档

5 按Ctrl+Z键撤销导入的JPEG文件，或者按Delete键也可删除导入的JPEG文件。使用PNG文件来进行接下来的制作。由于置入的PNG是"智能图层"，不能直接编辑，如图1-87所示，注意"素材导出"层的"智能图层"缩略图和下方"图层2"的"普通图层"缩略图的差别。"智能图层"会影响后面步骤，在这一步将其"栅格化"为"普通图层"。执行菜单"图层"/"栅格化"/"智能对象"命令，将"智能图层"栅格化为"普通图层"，"栅格化"后的图层状态如图1-88所示。

图1-87　智能图层缩略图　　　　　　　　　　　图1-88　栅格化后的正常图层状态

6 使用工具栏中的"移动工具" ∯ 将PNG文件移动至如图1-89所示的位置。按Ctrl+T键调出图片控制柄，拖曳左上角控制柄，将图形放大至图中大小，可配合Ctrl++和Ctrl+-键来缩放视图，如图1-90所示。

7 接下来就需要将"素材导出"图层放入"图层2"中，这需要"剪切蒙版"来完成。将鼠标移动至图中位置，放在"素材导出"和"图层2"之间，如图1-91所示。按住Alt键，鼠标变形后按鼠标左键，制作"剪切蒙版"，如图1-92所示。注意制作后的图片效果和图层状态。

8 选择"橡皮擦工具"，如图1-93所示。在工作区中单击鼠标右键，将"橡皮擦"笔触大小调整为"180像素"。目的是让橡皮擦的擦拭范围增大，如图1-94所示。按住鼠标左键擦拭不需要的地方，效果如图1-95所示。

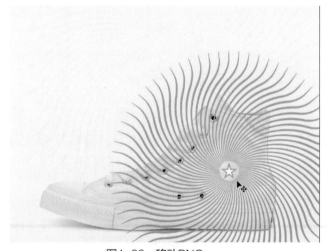

图1-89　移动PNG

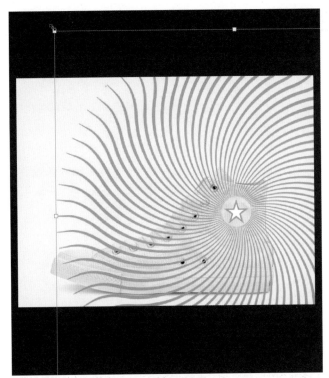

图1-90 放大素材

图1-91 鼠标移动至两个图层之间

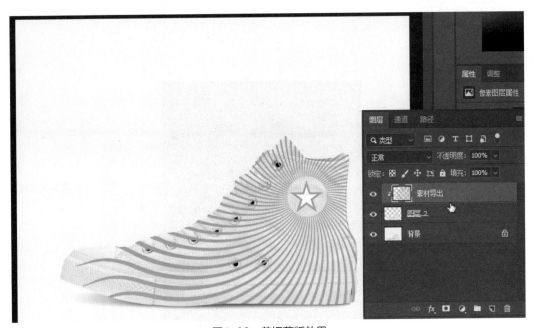

图1-92 剪切蒙版效果

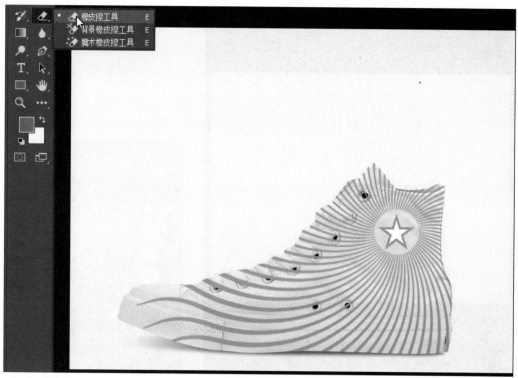

图1-93　选择橡皮擦工具

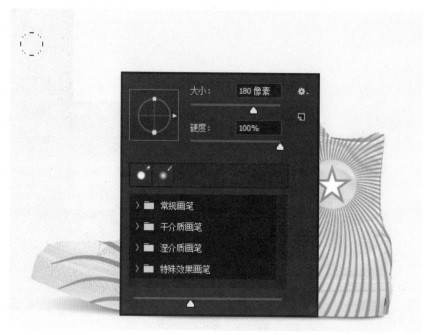

图1-94　增大笔触

图1-95 擦拭后效果

3. 保存和导出

Photoshop保存和导出都是以"存储"或"存储为"来完成。执行菜单"文件"/"存储"命令或按Ctrl+S键，Photoshop的标准文件格式为PSD格式，可以最大化存储Photoshop的效果。本节案例已经有PSD文件，所以存储时会自动覆盖之前的文件。

当需要保存成其他格式时，可以执行菜单"文件"/"存储为"命令或按Ctrl+Shift+S键，打开"存储为"对话框。选择"保存类型"为JPEG格式，单击"保存"按钮，打开"JPEG选项"对话框，如图1-96所示。可以选择图片的品质，本节采用"高"品质。单击"确定"按钮保存至桌面，可在桌面上找到保存好的JPEG格式，如图1-97所示。

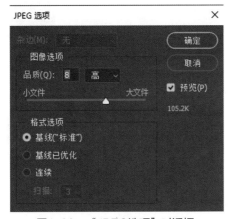

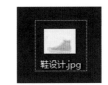

图1-96 "JPEG选项"对话框   图1-97 桌面上的JPEG文件

Illustrator保存为AI格式，Photoshop保存为PSD格式，文件的可编辑状态会被最大化保存。当文件需要保持图片透明状态时，Illustrator是导出成PNG格式，而Photoshop是存储为PNG格式。当文件仅需要给别人查看而不需要对方更改时，两个软件都可以导出或保存为JPEG格式。当文件需要是无压缩的高质量图片时，则可以将文件导出或保存为TIF格式。这几种格式是经常被用到的类型，需要牢记在心。

第2章
图形设计实战

2.1 设计入门：绘制几何图形

2.1.1 设计分析

"标准几何工具"具有操作便利和制作图形标准的特点，可以快捷准确地绘制标准几何形体造型的作品。如图2-1所示的案例中使用"标准几何基本工具"创建，圆角矩形做底，线条成45度角交叉于圆角矩形上方，白色的正圆上方放置正六边形，上方再放置白色正圆后最上方放置正三角形即可。由于整个图形呈现出中心对齐方式，所以绘制时配合相关辅助键即可。

图2-1 案例效果

2.1.2 技术概述

本案例中使用的工具有圆角矩形工具、椭圆工具、直线段工具、多边形工具、"描边"面板、"色板"面板等；涉及的相关操作有绘制正圆操作、改变矩形圆角操作、中心绘制等比图形、对齐图形、缩放图形、填充颜色和修改描边等。

2.1.3 操作步骤

1. 绘制底层图形

1 执行菜单"文件"/"新建"命令或按Ctrl+N键，打开"新建文档"对话框。输入名称，设置

"大小"为A4，单击"创建文档"按钮，如图2-2所示。

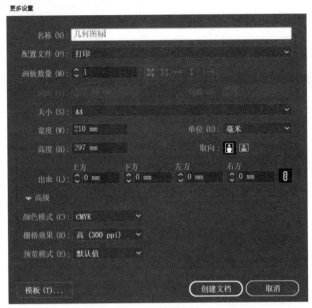

图2-2 新建文档

2 使用"圆角矩形工具"在工作区域单击，打开"圆角矩形"对话框，输入数值后建立圆角矩形，如图2-3所示。

3 为圆角矩形添加颜色，设置描边色为 "无"，填充色为色板中的"橘黄色"，如图2-4所示。

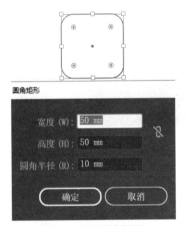

图2-3 绘制圆角矩形

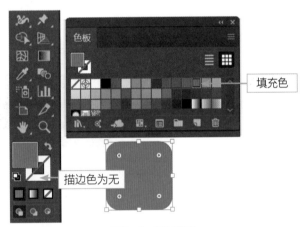

图2-4 添加颜色

4 使用"直线段工具"在圆角矩形中心绘制直线。绘制时配合Shift+Alt键使线段呈对角中心绘制。并为其填充"白色"描边，"无"填充色，如图2-5所示。使用"描边"面板将白色描边线段加粗，如图2-6所示。

5 选择该直线段，依次按Ctrl+ C键和Ctrl+F键将其原位复制粘贴一个副本。

6 切换至"选择工具"，按住Shift键将该直线段副本旋转，如图2-7所示。

7 使用"椭圆工具"，按住Shift+Alt键在圆角矩形中心绘制正圆，为其填充"白色"填充色，"无"描边色，如图2-8所示。为了将已经绘制的图形全部居中对齐，可以全选后使用"对齐"面板中的"水平居中对齐"和"垂直居中对齐"命令，将图形全部居中对齐。也可以使用属性栏中的居中对齐命令，如图2-9所示。

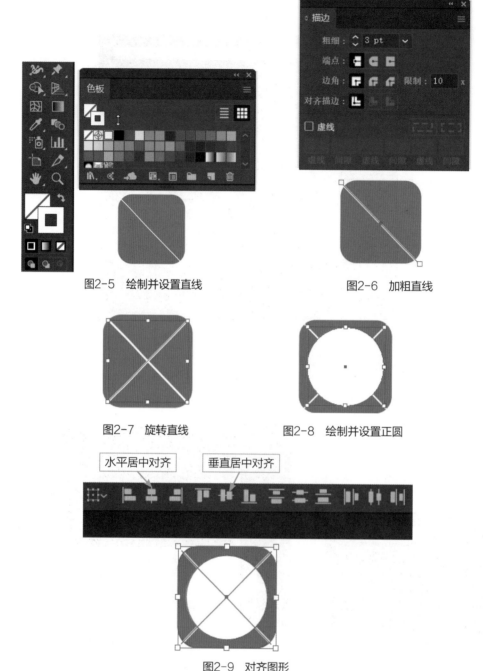

图2-5　绘制并设置直线　　　　　　　　　图2-6　加粗直线

图2-7　旋转直线　　　　　　　图2-8　绘制并设置正圆

图2-9　对齐图形

2. 绘制中心图形

1 使用"多边形工具"绘制六边形，可以配合Shift＋Alt键呈中心等比绘制图形。在绘制时，不松开鼠标左键的情况下，按键盘上下键可调整多边形的边数。为该六边形填充"黄色"填充色，"无"描边色，如图2-10所示。

2 使用"椭圆工具"在多边形上方绘制正圆，正圆填充色为"白色"，"无"描边色，如图2-11所示。

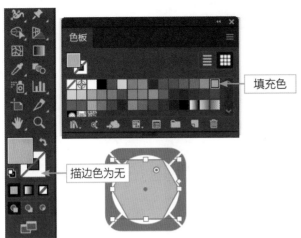

图2-10　绘制并设置六边形　　　　　　　　　　图2-11　绘制并设置正圆

3 使用"多边形工具"绘制三角形，配合Shift+Alt键绘制呈中心等比图形。在绘制时，不松开鼠标左键的情况下，按键盘上下键可调整多边形的边数为三角形。为该三角形填充"蓝色"填充色，"无"描边色，如图2-12所示。

4 选择单个的图形，配合上下左右键进行位置的微调，最终效果如图2-13所示。

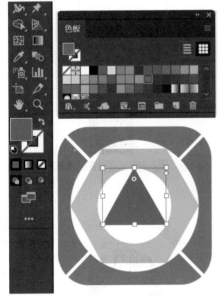

图2-12　绘制并设置三角形　　　　　　　　　　图2-13　最终效果

📥 2.1.4　拓展练习

使用同样的方法，可以创作出大同小异的基础图标。基本几何工具绘制的图形非常标准，通过不同图形之间的相互叠压和组合，再配合其他如"路径查找器""变形""透视"等功能，就可以绘制出非常不错的作品，如图2-14所示。

图2-14

当需要做出透视效果的图标时，可以使用"自由变换工具"，如图2-15所示。注意，使用"自由变换工具"时，需提前选择图形，再切换至"自由变换工具"。此时"自由变换工具"的辅助选项出现，如图2-16所示。

选择相应的选项，可制作出不同的透视效果，如图2-17所示。注意，配合Ctrl/Alt等辅助功能键可实现对称和角度透视。

图2-15　自由变换工具

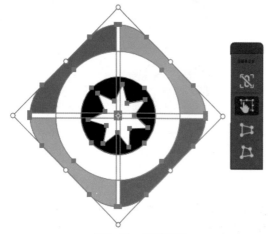

图2-16　工具选项

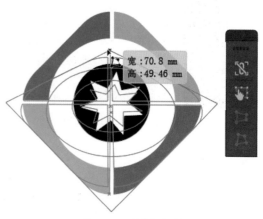

图2-17　制作透视效果

2.2 图形制作：绘制安卓机器人

2.2.1 设计分析

安卓机器人图标非常适合用Illustrator CC的标准几何工具来绘制。机器人本身的图形都是标准几何图形，使用"圆角矩形工具""椭圆工具"和"线条工具"就可以绘制，如图2-18所示。

2.2.2 技术概述

本案例中使用的工具有矩形工具、椭圆工具、圆角矩形工具、"颜色"面板、右键菜单、"描边"面板等；使用到的相关操作有新建文档、圆角矩形对话框设置、定界框的旋转、选择工具的移动复制、图形的前后顺序、颜色的设置等。

图2-18 最终效果

2.2.3 操作步骤

1. 绘制安卓机器人的头身

1️⃣ 执行菜单"文件"/"新建"命令，打开"新建文档"对话框。设置"配置文件"为Web，"大小"为800×600，单击"创建文档"按钮，如图2-19所示。

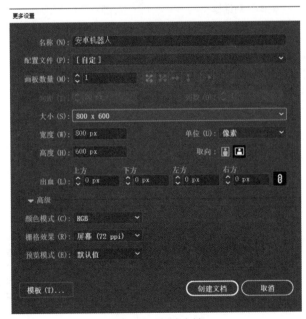

图2-19 新建文档

2 使用"圆角矩形工具"在工作区域内单击，打开"圆角矩形"对话框，如图2-20所示。输入数值，得到圆角矩形，如图2-21所示。

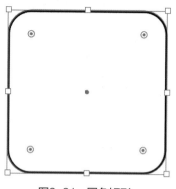

图2-20　"圆角矩形"对话框　　　　图2-21　圆角矩形

3 使用"椭圆工具"在工作区域内单击，打开"椭圆"对话框，如图2-22所示。输入数值，得到椭圆，如图2-23所示。

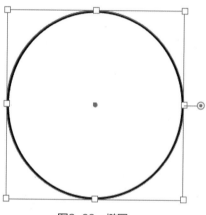

图2-22　"椭圆"对话框　　　　图2-23　椭圆

4 在椭圆上单击鼠标右键，在弹出的快捷菜单中选择"排列"/"置于底层"命令，将椭圆置于矩形下方，如图2-24所示。打开"颜色"面板，分别为椭圆和矩形填色，数值如图2-25所示。

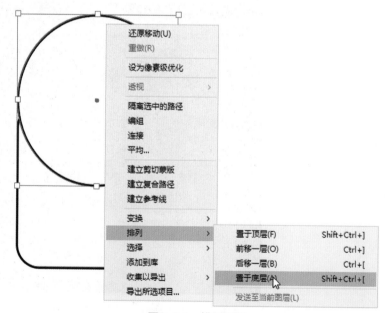

图2-24　排列图形

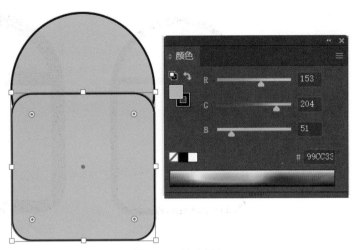

图2-25 填充颜色

5 使用"直接选择工具"将圆角
矩形的两个节点拖曳至如图2-26
所示的位置。

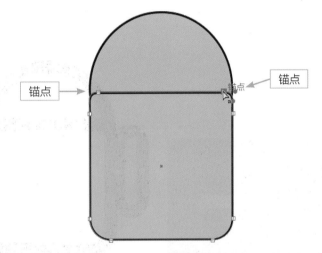

图2-26 拖曳节点

6 使用"描边"面板为椭圆和矩
形添加描边,如图2-27所示。

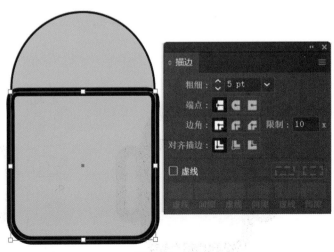

图2-27 描边

7 描边效果如图2-28所示。

8 可以为图形设置不同的描边
粗细，如图2-29所示。

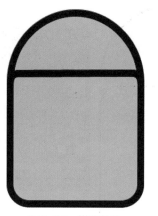

图2-28　描边效果　　　　　　　图2-29　不同的描边粗细

2. 绘制安卓机器人的手臂和腿部

1 使用"圆角矩形工具"在工作区域内单击，打开"圆角矩形"对话框，输入数值，并为该圆角
矩形添加描边，如图2-30所示。使用"选择工具"将新建的圆角矩形移动复制3个，如图2-31所
示，效果如图2-32所示。

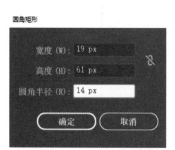

图2-30　"圆角矩形"对话框　　　图2-31　移动复制　　　　图2-32　移动复制后的效果

2 选择底部两个圆角矩形，打开右键菜单，选择菜单"排列"/"置于底层"命令，将矩形置于下
方，如图2-33所示。

3 使用"椭圆工具"绘制小圆并填充白色，如图2-34所示。

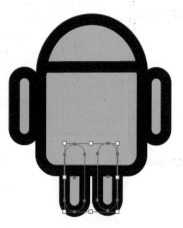

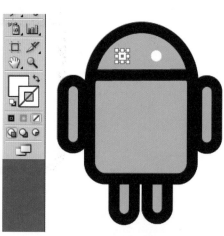

图2-33　排列图形　　　　　　　　图2-34　绘制并填充小圆

4 使用"圆角矩形工具"绘制图形，如图2-35所示。使用"选择工具"将其复制一个，然后分别旋转为如图2-36所示的形状。将两个图形分别放置在机器人的头部上方，如图2-37所示。

图2-35　绘制图形　　图2-36　复制并旋转图形　　　　　图2-37　移至头部上方

3. 调整安卓机器人的颜色

1 使用"选择工具"选择除白色椭圆之外的其他图形，如图2-38所示。

2 将选中图形的描边颜色更改为白色，如图2-39所示。

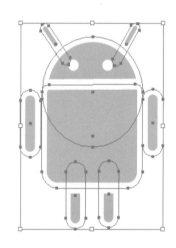

图2-38　选择图形　　　　　　图2-39　更改描边颜色

3 使用"矩形工具"绘制矩形底图，如图2-40所示。

图2-40　绘制底图

4 执行右键菜单中的"排列"/"置于底层"命令，将矩形底图放置于机器人的下方，最终效果如图2-41所示。

图2-41　最终效果

2.2.4　拓展练习1

在使用标准几何工具进行创作时，可以采用图形叠压或者遮盖的方式进行创作，并且通过复制粘贴增加图形的"视觉量化感"，从而增加图形的形式美感，达到作品的"视觉质变"，如图2-42所示。

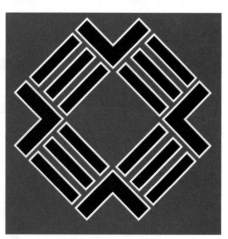

图2-42　案例效果

1 使用"矩形工具"创建矩形，并复制3份。使用"对齐"面板将其均分对齐放置，如图2-43所示。

2 将参考线调出后，将图形对齐至参考线左上方，如图2-44所示。

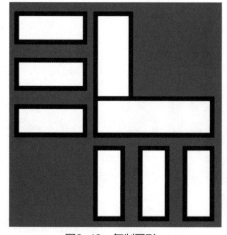

图2-43　复制图形

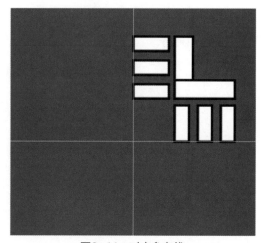

图2-44　对齐参考线

3 使用"旋转工具"，按住Alt键将图形旋转中心点设置于参考线中心点。在弹出的对话框中设置角度为-90°，单击"复制"按钮，如图2-45所示。

4 按两次Ctrl+D键后获得如图2-46所示的图形。将参考线选中后按Delete键删除。

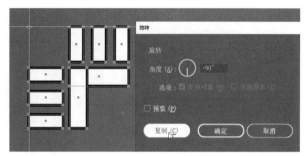

图2-45　旋转复制

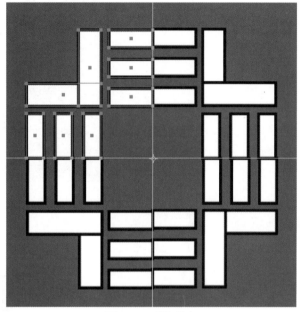

图2-46　重复执行

5 选择中间6个图形，使用"路径查找器"面板中的"联集"命令将其合并，如图2-47所示。使用同样的方法，将其余三组图形和拐角处的两个图形分别合并，如图2-48所示。

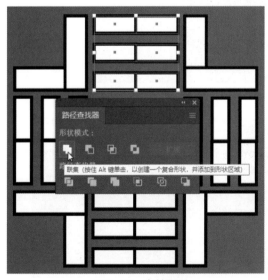

图2-47　合并图形

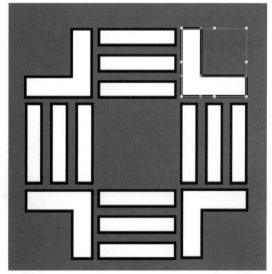

图2-48　分别合并

6 将图形旋转45°后得到的效果如图2-49所示。按Shift+X键互换填充色和描边色，得到最终效果。

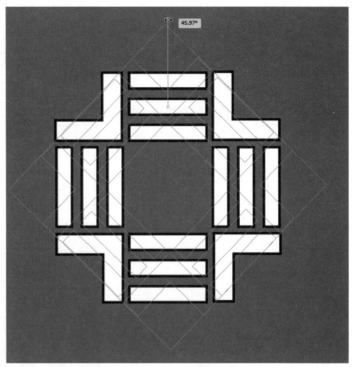

图2-49　旋转图形

↘ 2.2.5　拓展练习2

1 使用"矩形工具"创建2个矩形，如图2-50所示。

图2-50　创建矩形

2 将旋转中心点设置于图形下方中点，如图2-51所示。

图2-51　旋转设置

3 按两次Ctrl+D键后获得的图形如图2-52所示。将其整体旋转，得到最终效果如图2-53所示。

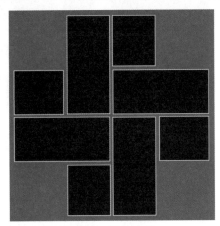

图2-52　旋转图形

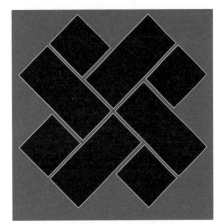

图2-53　最终效果

↘ 2.2.6　拓展练习3

1 使用"多边形工具"在工作区域内单击，在弹出的对话框中选择"边数"为3，创建三角形。使用"直接选择工具"选择该三角形，三角形的三个角内部会出现三个边角控件，将其向下拉，效果如图2-54所示。

2 使用"椭圆工具"按住Shift键绘制正圆，并放置于三角形前方，如图2-55所示。使用"路径查找器"面板中的"减去顶层"命令，得到如图2-56所示的图形。

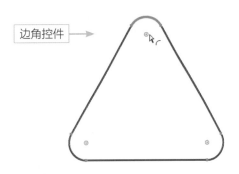

图2-54　三角形

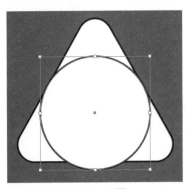

图2-55　正圆

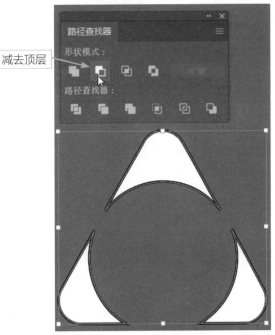

图2-56　编辑图形

3 使用"多边形工具"绘制三角形,并将三角形变形为如图2-57所示的图形。使用"路径查找器"面板中的"分割"命令将图形切割,如图2-58所示。将多余图形删除后得到如图2-59所示的图形。

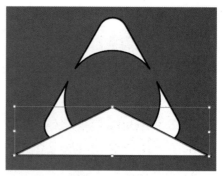

图2-57　三角形

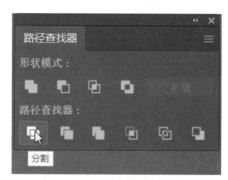

图2-58　分割

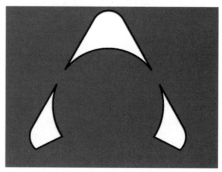

图2-59　删除后效果

4 使用"多边形工具"绘制3个三角形,使用"直接选择工具"将3个图形分别变形,效果如图2-60所示。最终效果如图2-61所示。

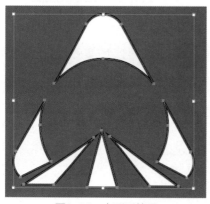

图2-60　变形后效果

图2-61　最终效果

2.3 标志制作:绘制大众标志

2.3.1 设计分析

大众标志是由几何图形互相之间加减而成,很适合通过"路径查找器"面板来制作,如图2-62所示。标志图形大致可分为底图的圆形和标志的类W形,而类W形则可以通过"矩形工具"相互组合得到。

图2-62　最终效果

2.3.2　技术概述

本案例中使用的工具有椭圆工具、矩形工具、旋转工具、径向工具、路径查找器、"颜色"面板、"对齐"面板等；使用到的相关操作有图形的移动复制、镜像和旋转操作、图形的对齐和微调、颜色的设置等。

2.3.3　操作步骤

1. 绘制基础图形

1 使用"椭圆工具"配合Shift+Alt键绘制正圆，并填充深蓝色，如图2-63所示。

2 使用"椭圆工具"绘制两个正圆，大小要依次缩小。为两个正圆分别填充白色，如图2-64和图2-65所示。

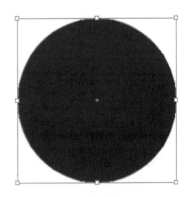

图2-63　正圆1

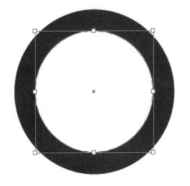

图2-64　正圆2

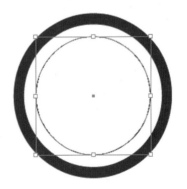

图2-65　正圆3

3 执行菜单"窗口"/"路径查找器"命令或按Shift+Ctrl+F9键，打开"路径查找器"面板，选择两个白色正圆，单击"路径查找器"面板中的"差集"按钮，如图2-66所示。将两个正圆制作为环形图形，效果如图2-67所示。

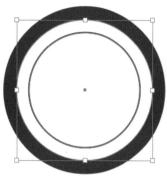

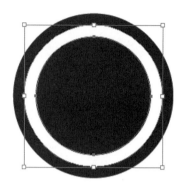

图2-66　差集　　　　　　　　　　　　　　　　　　图2-67　环形

2. 绘制内部图形

1 使用"矩形工具"绘制矩形，如图2-68所示。使用"自由变换工具"或按E键切换至"自由变换工具"，在矩形的右下角进行拖曳，如图2-69所示。拖曳的同时配合Shift+Alt+Ctrl键将矩形进行透视变形，效果如图2-70所示。

> **提示**
>
> 　　在使用"自由变换工具"进行透视缩放时，要先拖曳图形控制柄进行正常缩放时，再按Shift+Alt+Ctrl键才会进行透视缩放。

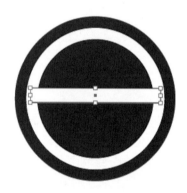

图2-68　绘制矩形

自由变换控制柄

图2-69　变形

图2-70　透视变形

2 选择变形的矩形，双击"旋转工具"打开"旋转"对话框，输入数值后单击"确定"按钮，效果如图2-71所示。

3 使用"镜像工具"在旋转后的矩形左下角按住Alt键单击(确定镜像中心点的同时打开"镜像"对话框)，在"镜像"对话框中选择"垂直"后，单击"复制"按钮，如图2-72所示。

图2-71 旋转

图2-72 镜像

4 选择两个矩形后，单击"路径查找器"面板中的"联集"按钮，如图2-73所示。将两个图形联合，效果如图2-74所示。

图2-73 联集

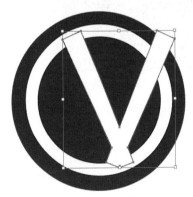

图2-74 效果

5 使用"钢笔工具"/"删除锚点工具"在图形下方的两个锚点上单击，如图2-75所示。将锚点删除，效果如图2-76所示。

图2-75 删除锚点

图2-76 删除后效果

6 执行菜单"视图"/"标尺"/"显示标尺"命令或按Ctrl+R键，打开标尺。选择底层蓝色正圆，根据正圆的中心为其添加参考线，如图2-77所示。

7 选择V图形，使用"镜像工具"在参考线中心按住Alt键单击(确定中心点的同时弹出对话框)，如图2-78所示。在对话框中设置"轴"为"垂直"，单击"复制"按钮，效果如图2-79所示。

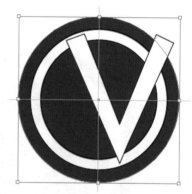

图2-77 添加参考线

图2-78 "镜像"对话框

图2-79 镜像效果

3. 内部图形的相互裁剪

1 选择这两个图形，如图2-80所示。单击"路径查找器"面板中的"联集"按钮，如图2-81所示。将两个图形互相融合，效果如图2-82所示。

图2-80 选择图形

图2-81 联集

图2-82 融合后效果

2 在图形中心绘制矩形，如图2-83所示。将矩形和W形全部选择，单击"路径查找器"面板中的"差集"按钮，将图形镂空，如图2-84所示。

图2-83 绘制矩形

图2-84 镂空图形

3 在该图形上双击，进入图形内部进行编辑，如图2-85所示。将多余的两个图形选择后删除，效果如图2-86所示。在空白处双击后退出内部编辑模式，效果如图2-87所示。

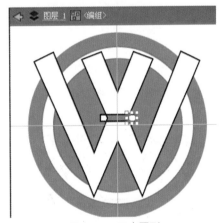

图2-85 双击图形

图2-86　删除图形

图2-87　退出编辑

4 选择圆环和W形图形，如图2-88所示。单击"路径查找器"面板中的"路径查找器"/"分割"按钮，将两个图形全部分割，效果如图2-89所示。

图2-88　选择图形

图2-89　分割图形

5 在图形上双击进入图形内部，如图2-90所示。选择多余图形将其删除，效果如图2-91所示。在空白处双击退出内部编辑模式。

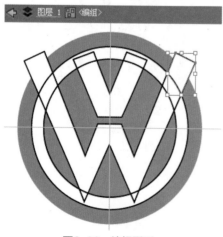

图2-90　编辑图形

图2-91　删除图形

6 选择该图形，将其"描边色"改为"无色"，效果如图2-92所示。

7 最终效果如图2-93所示。

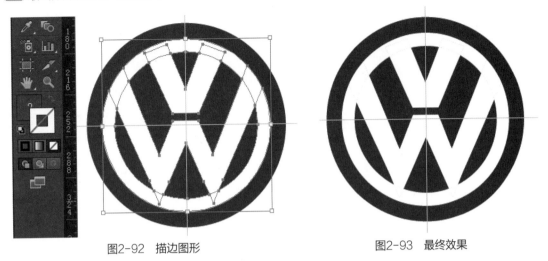

图2-92 描边图形   图2-93 最终效果

2.3.4 拓展练习

因为很多标志都源自于标准几何形体的变形，所以制作标志时大多采用Illustrator CC。利用Illustrator CC制作的文件有很多优势，例如制作快捷、方便输出、文件量小等。同时Illustrator CC自身的几何工具也非常适合制作变形的标志和图标，如图2-94所示。

图2-94 标志和图标

制作标志时主要涉及"路径查找器"的图形加减功能和"旋转工具"的使用。想一想如何使用学到的知识将图2-94中的4个标志完美地制作出来？

第3章
工业级图形设计实战

3.1 工业级矢量路径绘制技巧

3.1.1 设计分析

Illustrator CC绘制的曲线叫作"贝塞尔曲线"，是利用"锚点"的位置和"控制线"的长短来控制曲线的曲度。在Illustrator CC中绘制曲线时，"锚点"越少，曲线越平滑优美，所以在绘制矢量图形作品时就需要考虑如何用最少的"锚点"来绘制最优美的曲线，同时占用的文件量也会更小。如图3-1所示，数字"2"既有直线也有曲线，图形非常适合使用"贝塞尔曲线"来绘制。绘制"贝塞尔曲线"路径的技巧有：开头起点的选择、锚点的设置、控制线的长短及方向等，图中标示的位置都可以作为起点来建立锚点。

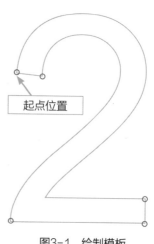

图3-1　绘制模板

3.1.2 技术概述

本案例中使用的工具有钢笔工具、转换锚点工具、添加锚点工具等；使用的相关操作有直线的建立、锚点的位置选择、锚点的属性转换、锚点控制柄的长短和曲线的位置关系等。

⬇ 3.1.3 操作步骤 ▎

1. 选择起点

1 打开本章"01素材模板"文件，使用"钢笔工具"在如图3-2所示的红圈位置单击，建立起点
"锚点"。

2 使用"钢笔工具"在如图3-3所示的位置单击，建立第二个"锚点"。

图3-2 选择起点   图3-3 单击第二点

3 使用"钢笔工具"在如图3-4所示的红圈位置拖曳出控制柄至钢笔位置，"控制线"的长度以红
色曲线贴合到灰色模板上为准，同时保持曲线和控制柄的位置关系为相切。

4 在下一位置拖曳控制柄至相应位置，"控制线"的长度以曲线贴合灰色模板为准，如图3-5
所示。

图3-4 建立第三个锚点   图3-5 建立第四个锚点

5 在数字"2"的拐角处单击鼠标左键建立转折点，如果曲线不能贴合灰色图形，可使用"直接选
择工具"调整控制柄的长度，如图3-6所示。

6 使用"钢笔工具"按住Shift键分别在图3-7、图3-8、图3-9中单击，建立直线路径。

调整该控制柄长短

图3-6　建立转折点

图3-7　建立直线路径1

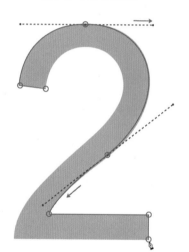

图3-8　建立直线路径2

图3-9　建立直线路径3

2. 锚点的转折

1 图3-10中的"锚点"需要转换为只有一条控制柄的"尖突锚点"，使用"钢笔工具"单击建立锚点后，将"钢笔工具"继续放置在该锚点上，"钢笔工具"的变形效果如图3-10所示。将该锚点的控制柄拖曳至如图3-11所示的位置。

2 继续在下一位置拖曳锚点至相应位置，如图3-12所示。

3 将"钢笔工具"回到起点，"钢笔工具"变形为"闭合路径"图标时单击，然后拖曳至相应位置，将最后的曲线贴合灰色模板图形，"钢笔工具"图标的

图3-10　锚点转换

图3-11　拖曳控制柄

变形效果如图3-13所示，拖曳的位置如图3-14所示。

4 最终绘制完成的效果如图3-15所示，可以看到图中数字"2"仅用9个锚点即可将外观绘制出来，同时曲线非常优美平滑。

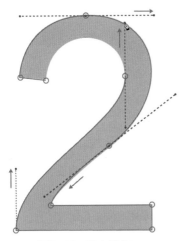

图3-12 建立锚点

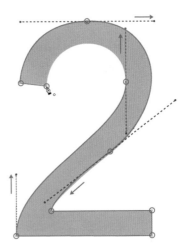

图3-13 闭合曲线

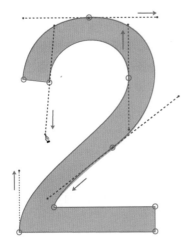

图3-14 拖曳控制柄

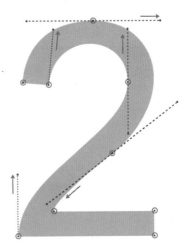

图3-15 锚点一览

↘ 3.1.4 拓展练习1

在使用"钢笔工具"绘制曲线时，要做到以下两点：一是合理选择"起点"位置，二是减少重复锚点设置。通过控制"锚点"的控制线来控制曲线的弯曲程度，使用"钢笔工具"绘制曲线有以下规律：一是两个锚点控制一段路径；二是起点应采用单击方式创建锚点；三是控制线与路径位置关系；四是控制柄拖曳方向与路径弯曲方向的关系。做到用最少的锚点绘制最平滑的曲线。如图3-16所示的图形和案例中数字"2"的外观较为相似，可以采用同样的方式来建立锚点。熟悉"钢笔工具"的操作方式是熟练掌握图形绘制的秘诀。

↘ 3.1.5 拓展练习2

使用"钢笔工具"绘制规则图形时，需要重点考虑锚点的设置，如图3-17所示的对称锚点的设置就要在曲线的中间段，才能起到曲线平滑的效果。

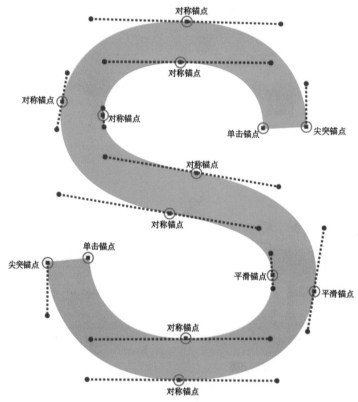

图3-16　路径绘制1

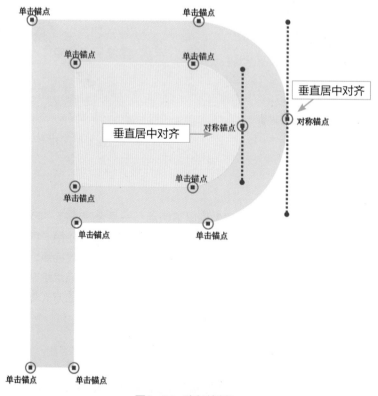

图3-17　路径绘制2

3.2 标志设计：绘制苹果标志

3.2.1 设计分析

利用"钢笔工具"和"路径"命令可以快速创建丰富多样的设计作品，如图3-18所示的苹果公司Logo可以利用Illustrator CC的钢笔工具勾勒出来，然后利用"路径"命令对其进行分割，再利用"填色工具"对其进行填色即可。而苹果Logo中的叶子制作既可利用"钢笔工具"勾勒，也可以利用"路径查找器"进行分割得到。

3.2.2 技术概述

图3-18 案例模板

本案例所使用的工具有选择工具、直接选择工具、椭圆工具、钢笔工具、旋转工具等；所使用的相关操作有新建文档、贝塞尔路径练习、选择工具的移动复制、旋转、路径查找器、图形的前后顺序、颜色的设置等。

3.2.3 操作步骤

1. 选择起点

1 使用"钢笔工具"绘制苹果Logo图形，建议从转折点开始绘制起始"锚点"。沿着苹果标志外轮廓绘制图形，在"起始点1"处进行单击，建立起始"锚点"，如图3-19所示。

2 根据图3-19所示的"锚点"位置和"控制柄"方向、长短，依次绘制苹果图形1点到8点锚点，如图3-20至图3-25所示。

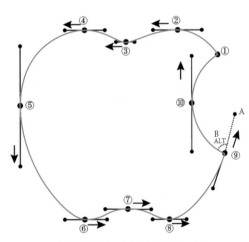

图3-19 建立锚点和拖曳方向

图3-20 锚点及拖曳方向1

图3-21 锚点及拖曳方向2

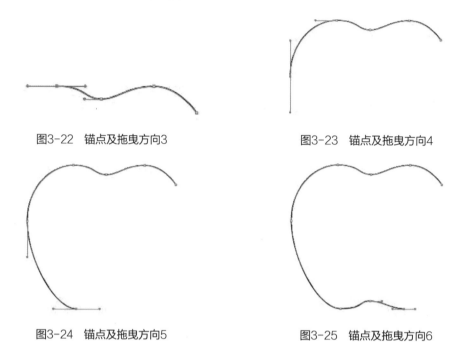

图3-22　锚点及拖曳方向3　　　　　　　图3-23　锚点及拖曳方向4

图3-24　锚点及拖曳方向5　　　　　　　图3-25　锚点及拖曳方向6

2. 切换锚点属性

1 绘制至转折点(锚点9)时，参照图3-19所示的锚点9的A方向，拖曳控制柄至相应方向后，按住Alt键继续拖曳控制柄至B方向，将锚点属性从"对称锚点"转换为"尖突锚点"，锚点9的A方向如图3-26所示。也可使用"锚点工具"直接在锚点上单击将其转换为无控制柄锚点，如图3-27所示。

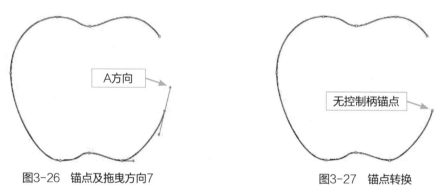

图3-26　锚点及拖曳方向7　　　　　　　图3-27　锚点转换

2 继续绘制锚点10，并在锚点1处单击闭合图形，如图3-28和图3-29所示。

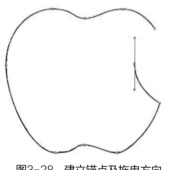

图3-28　建立锚点及拖曳方向

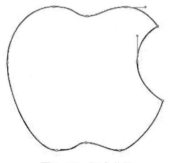

图3-29　闭合曲线

3 绘制完成后，使用"直接选择工具"进行细节调整，如图3-30和图3-31所示。

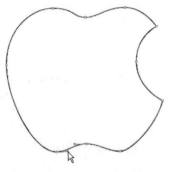

图3-30 调整锚点控制柄1

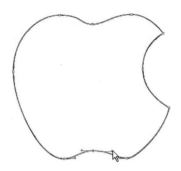

图3-31 调整锚点控制柄2

3. 绘制苹果叶子

1 使用"椭圆工具"绘制正圆，绘制时配合Shift+Alt键进行中心等比缩放，如图3-32所示。

2 使用"选择工具"将该正圆复制出副本，并将它们交叉放置，如图3-33所示。

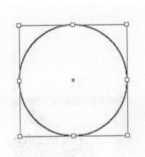

图3-32 绘制正圆

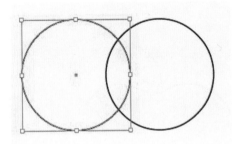

图3-33 复制副本

3 执行菜单"窗口"/"路径查找器"命令或Shift+Ctrl+F9键，打开"路径查找器"面板。同时选择两圆，单击面板中的"与形状区域相交"按钮，如图3-34所示，执行后效果如图3-35所示。

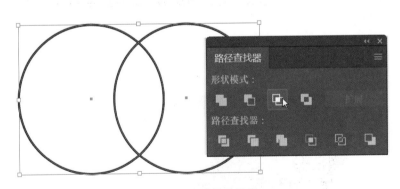

图3-34 路径查找器

图3-35 执行后效果

4 将图形放置到苹果图形上方，如图3-36所示。

5 选择该图形，使用"旋转工具"按住Alt键的同时在图中位置单击，在弹出的对话框中输入数值，如图3-37所示。旋转后效果如图3-38所示。

6 选择两个图形，为其设置"黑色填充色"和"无色描边"，效果如图3-39所示。

7 绘制好的苹果标志如图3-40所示。

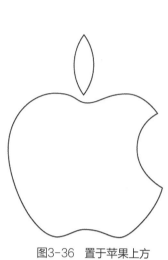

图3-36　置于苹果上方

图3-37　选择旋转中心点

图3-38　旋转后效果

图3-39　填充颜色

图3-40　绘制好的效果

4. 分割图形

1️⃣ 使用"线条工具"绘制如图3-41所示的线条。

2️⃣ 使用"选择工具"按住Alt键移动复制该线条，效果如图3-42所示。

图3-41　绘制线条

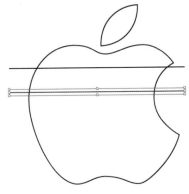

图3-42　复制线条

3 按Ctrl+D键重复上一次操作，如图3-43所示。

4 选择第一次绘制的线条。执行菜单"对象"/"路径"/"分割下方对象"命令，效果如图3-44所示。

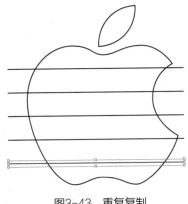

图3-43　重复复制

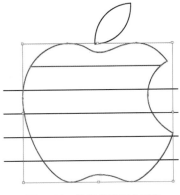

图3-44　执行分割下方对象

5 选择第二条线段，重复执行"分割下方对象"命令。依次将所有线条分别执行该操作，效果如图3-45所示。

6 选择苹果中最上端的图形，为其设置"绿色填充色"和"无色描边"，如图3-46所示。

7 依次将其余图形分别设置不同颜色，最终效果如图3-47所示。

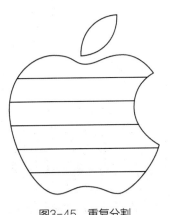

图3-45　重复分割

图3-46　填充颜色

图3-47　最终效果

3.2.4 拓展练习

很多标志图形都可以通过"钢笔工具"和"路径"命令来组合创建，如图3-48所示的"IBM标志"就是采用类似制作"苹果标志"的方法完成。创建基本图形后，利用Ctrl+D键和"分割下方"命令就可以将原始图形制作完成。

图3-48　IBM标志

1 使用"钢笔工具"绘制图形，注意"字母B"的弧形拐弯处和上一节中的"字母P"的拐弯处绘制方法相同，如图3-49所示。

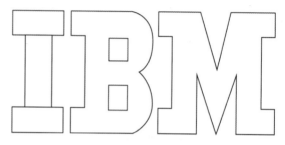

图3-49　绘制图形

2 为图形填充颜色，并使用"矩形工具"绘制长矩形，如图3-50所示。按Shift+Alt键将图形垂直复制一份，按Ctrl+D键重复复制操作，得到如图3-51所示效果。

图3-50　填充颜色并绘制矩形

图3-51　复制矩形

3 全选图形，单击"路径查找器"中的"分割"按钮，将图形切割，效果如图3-52所示。

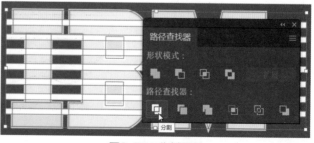

图3-52　分割图形

4 由于执行"路径查找器"命令后的效果默认为"编组"状态，所以使用"选择工具"双击图形，进入图形内部。使用"魔棒工具"单击白色矩形，选择所有白色矩形，效果如图3-53所示。按Delete键将白色矩形全部删除，最终效果如图3-54所示。

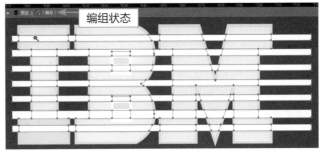

图3-53　选择所有矩形

图3-54　最终效果

3.3　图形设计：绘制动漫人物

3.3.1　设计分析

本节使用"标准几何工具"和"钢笔工具"来绘制动漫人物形象，如图3-55所示。绘制时需要考虑各个图形之间的叠压关系，如头部中处于最底层的头发和前层的眼睛要分开绘制。同时填充颜色时使用的都是最基本的颜色色块。本案例的重点是要注意图形之间"描边色"与"填充色"的关系。

3.3.2　技术概述

本案例中使用的工具有钢笔工具、矩形工具、椭圆工具、"颜色"面板、旋转工具、镜像工具、"描边"面板等；使用的相关操作有钢笔工具的操作、矩形等几何工具的操作、旋转和镜像工具的操作、颜色的填充、描边的设置等。

图3-55　案例模板

3.3.3 操作步骤

1. 绘制脸部

1 使用"圆角矩形工具"绘制如图3-56所示图形，其参数设置如图3-57所示。为图形添加"橘色描边"和"黄色填充色"，效果如图3-58所示。

图3-56 绘制圆角矩形

图3-57 圆角矩形参数

图3-58 描边和填充

2 使用"钢笔工具"绘制眼睛的底色，效果如图3-59所示。将其"描边色"去掉，效果如图3-60所示。

3 将该白色图形绘制副本放置一旁备用。

4 在副本旁使用"椭圆工具"绘制3个大小不等的圆形来模拟瞳孔和高光，如图3-61所示。将3个图形按照图3-62所示排列。将刚才白色图形的副本置于3个图形上方，如图3-63所示。使用Shift键加选这4个图形，如图3-64所示。执行菜单"对象"/"剪切蒙版"/"建立"命令或按Ctrl+7键，将3个图形剪切至最上层图形当中，如图3-65所示。将剪切后的图形放置在右侧的眼白上方，如图3-66所示。使用"钢笔工具"绘制图形并适当摆放，将其作为上眼睑，如图3-67所示。

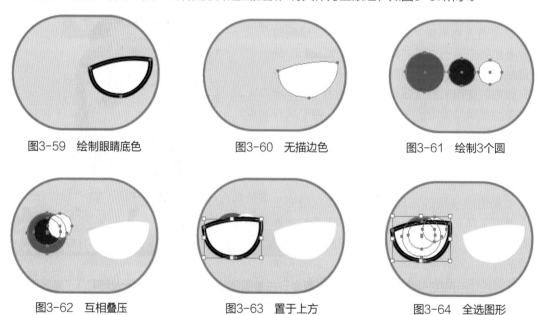

图3-59 绘制眼睛底色　　　　图3-60 无描边色　　　　图3-61 绘制3个圆

图3-62 互相叠压　　　　图3-63 置于上方　　　　图3-64 全选图形

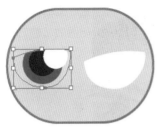

图3-65 建立剪切蒙版

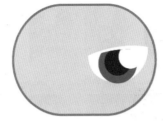

图3-66 将其置于白色底色上方

图3-67 添加睫毛

5 使用"钢笔工具"绘制眉毛，如图3-68所示。

6 绘制耳朵放置在脸旁，效果如图3-69所示。注意耳朵图形可以填充颜色，也可以不填色。

7 选择眼睛、眉毛和耳朵，切换至"镜像工具"，在图3-70中按Alt键设置"镜像中心点"并打开"镜像"对话框，选择"垂直"，单击"复制"按钮，效果如图3-71所示。

图3-68 绘制眉毛

图3-69 绘制耳朵

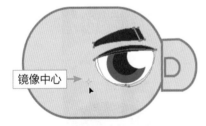

图3-70 镜像中心点

图3-71 镜像复制

2. 绘制头发

1 使用"钢笔工具"绘制头饰，如图3-72所示。绘制头发，如图3-73所示。选择这两个图形，执行菜单"对象"/"排列"/"置于底层"命令或按Shift+Ctrl+【键，将这两个图形置于脸部底层，效果如图3-74所示。

图3-72 绘制头饰

图3-73 绘制头发　　　　　　　　　　图3-74 置于下方

2 使用"钢笔工具"绘制如图3-75所示图形，将3个图形如图3-76所示放置，群组后放置在脸部上方，效果如图3-77所示。再绘制如图3-78所示的头发图形放置在脸部最上方。到此，整个头部的绘制工作完成。

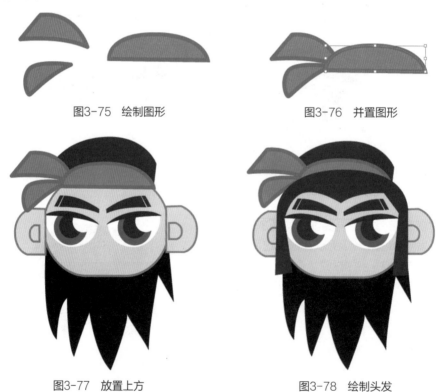

图3-75 绘制图形　　　　　　　　　　图3-76 并置图形

图3-77 放置上方　　　　　　　　　　图3-78 绘制头发

3. 绘制身体

1 使用"钢笔工具"绘制动漫人物的身体部分，注意绘制身体部分时外轮廓边的圆弧形状，效果如图3-79所示。

2 使用"钢笔工具"绘制身体上的衣服边界，这里可以适当调整衣服边界的宽度，效果如图3-80所示。

图3-79 绘制身体

图3-80 绘制上衣边界

3 使用"矩形工具"绘制身体上的腰带，腰带上的描边宽度可以根据整个身体的大小来调整比例，效果如图3-81所示。

4 使用"钢笔工具"绘制腰带上的绳结，效果如图3-82所示。调整好绳结的位置和大小，效果如图3-83所示。将绳结放置于身体腰带一侧，效果如图3-84所示。执行菜单"对象"/"排列"/"后移一层"命令或按Ctrl+【键，将绳结置于身体后方，效果如图3-85所示。

图3-82 绘制绳结

图3-83 并置绳结

图3-81 绘制腰带

图3-84 放置绳结

图3-85 置于后方

4. 绘制手臂

1 使用"钢笔工具"绘制胳膊，效果如图3-86所示。

2 将胳膊形状放置在身体一侧，使其被身体压住，效果如图3-87所示。

图3-86 绘制胳膊

图3-87 放置胳膊

3 使用"钢笔工具"绘制手臂上的装饰，效果如图3-88所示。将两个图形并置，效果如图3-89所示。

图3-88 绘制装饰

图3-89 并置装饰

4 使用"钢笔工具"在装饰上绘制白色图案，效果如图3-90所示。

5 使用"钢笔工具"绘制手部，效果如图3-91所示。将手部放置在装饰下方，效果如图3-92所示。

图3-90 绘制纹理图案

图3-91 绘制手部

图3-92 并置图形

6 将绘制好的手部和胳膊放置在一起后，选择整个手臂，效果如图3-93和图3-94所示。

图3-93 并置图形

图3-94 放置手臂

7 使用"镜像工具"在如图3-95所示位置按Alt键单击，在打开的"镜像"对话框中选择"垂直"单选按钮，单击"复制"按钮，如图3-96所示。将整个手臂镜像复制后的效果如图3-97所示。

图3-95 设置镜像中心点

图3-96 "镜像"对话框

图3-97 镜像复制

5. 绘制腿脚

1 使用"矩形工具"绘制长方形并将其旋转后作为腿部形状，如图3-98所示。使用"钢笔工具"绘制自由形状，如图3-99所示。将其组合，效果如图3-100所示。使用"钢笔工具"继续绘制脚部形体，如图3-101所示。将其组合，效果如图3-102所示。

图3-98 绘制矩形

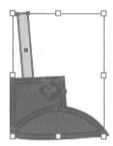

图3-99 绘制自由形状

图3-100 并置形状

图3-101 绘制脚部

图3-102 并置图形

2 将整个腿部置于身体后方，如图3-103所示。使用"镜像工具"镜像复制，如图3-104所示。最终效果如图3-105所示。

图3-103 放置腿部

图3-104　镜像复制腿部

图3-105　最终效果

↘ 3.3.4　拓展练习 ▏

　　Illustrator CC的"标准几何工具"和"钢笔工具"可以非常方便地创建卡通人物形象。因此熟练掌握绘制路径的技巧至关重要。如图3-106所示的卡通造型同样使用了"标准几何工具"和"钢笔工具"来创建。五官和身体都是使用"标准几何工具"来搭建，头发、手部和脚部则通过"钢笔工具"绘制。各部分拆分后的效果如图3-107所示。

图3-106　其他卡通效果

图3-107 各部分的效果

第4章
设计质感初级实战

提升画面效果的关键在于为作品添加质感和模拟光效。在 Illustrator CC中模拟质感和光效的方法可以使用渐变来完成。如图4-1所示是添加质感和光效的前后对比，左图是添加了渐变效果，右图是未添加渐变效果，会发现恰当的渐变将会提升物体的整体视觉感受。

图4-1　效果对比

4.1　黄金质感：金光闪闪的金币效果

4.1.1　设计分析

如何让你的金属质感能够更好地吸引人呢？金币闪烁着诱人的光芒，金光闪闪、耀眼夺目，可以看出，金币的质感非常适合用渐变来完成。金属的反光非常强烈，所以在渐变时经常会使用"线性渐变"分别模拟"受光面""明暗交界线"和"反光"。如图4-2所示的金币可以分为底层图形、金叶和S字母，这3个图形均采用渐变来模拟金属效果。图形中的渐变类型均为"线性渐变"，只是在渐变方向上有所不同。

图4-2 案例效果

4.1.2 技术概述

　　本案例中使用的工具有钢笔工具、路径查找器、旋转工具、"颜色"面板、"渐变"面板、"对齐"面板等；使用的相关操作有路径菜单命令、"路径查找器"面板操作、选择工具的移动复制、图形的前后顺序、颜色的设置等。

4.1.3 操作步骤

1. 绘制金币字体

1 使用"钢笔工具"绘制图形S和图形I，或者使用"文字工具"分别创建字母S和I，字体为Arial Black，然后将其转换为曲线，效果如图4-3所示。

2 将两个图形全选后居中对齐放置。单击"路径查找器"中的"联集"按钮，效果如图4-4所示。

 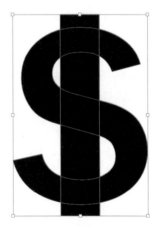

图4-3　绘制原型　　　　　图4-4　联集图形

3 为其填充渐变，参数设置和效果如图4-5所示。从左至右的颜色数值分别为白、RGB(243，238，161)、RGB(135，92，37)、RGB(196，151，43)。

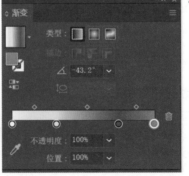

图4-5　添加渐变

4 选择该图形，使用"描边"面板为其添加描边，如图4-6所示。执行菜单"对象"/"路径"/"轮廓化描边"命令，将描边扩展为图形，效果如图4-7所示。

图4-6　添加描边　　　　图4-7　轮廓化描边

5 用鼠标右键单击图形，在弹出的菜单中选择"取消编组"命令，或选择图形后按Ctrl+Shift+G键取消编组，将图形分离，如图4-8所示。选择黑色图形，使用"吸管工具"单击原始图形，为黑色图形填充渐变，效果如图4-9所示。

6 使用"美工刀工具"将刚刚填充渐变的图形切割。切割时，须在拐角处按住Alt键呈直线切割，如图4-10所示。全部切割后，图形效果如图4-11所示。

7 选择切割完成的全部图形将其群组，与原始图形中心对齐，最终效果如图4-12所示。

图4-8　取消编组　　　　　　　　　图4-9　填充渐变

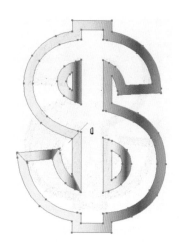

图4-10 直线切割

图4-11 切割完毕图形

图4-12 对齐图形

2. 绘制圆形金币

1 使用"椭圆工具"绘制两个正圆，分别填充不同的渐变，效果如图4-13所示。将两个圆中心对齐后大小缩放放置，效果如图4-14所示。

2 将刚才做好的图形S调整大小后放于圆的上方，效果如图4-15所示。

图4-13 不同的渐变效果

图4-14 中心对齐

图4-15 置于圆上的S图形

3. 绘制金叶

1 使用"钢笔工具"绘制金叶外轮廓，如图4-16所示。为叶子填充渐变，如图4-17所示。

2 为了给左右叶片填充不同的渐变，需要将叶子一分为二，可以使用"分割下方对象"命令。首先绘制一条曲线，放置在叶子上方，如图4-18所示。执行菜单"对象"/"路径"/"分割下方对象"命令，将叶子一分为二，如图4-19所示。执行分割下方对象时，只需要选择线段。

图4-16　绘制叶子

图4-17　填充渐变

图4-18　分割叶子

图4-19　分割后效果

3 选择图中一半的叶子，使用"渐变"面板将叶子的渐变角度改为-90°，然后将两个图形群组，效果如图4-20所示。

4 绘制一条曲线，沿着曲线使用"移动工具"复制叶子。然后沿着曲线走向进行旋转，效果如图4-21所示。

5 使用"镜像工具"将全部叶子镜像复制一份，效果如图4-22所示。

6 将叶子放入之前做好的金币图形中，金叶中的渐变效果可以修改为不同的方向，这样画面会显得灵活多变，最终效果如图4-23所示。

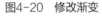

图4-20　修改渐变

图4-21　复制叶子

图4-22　镜像复制

图4-23　最终效果

4.1.4 拓展练习

渐变不仅可以制作物体的金属质感，而且也适合表现物体晶莹剔透的效果。如图4-24所示的作品由两个图形组成，填充色和描边色均为线性渐变，绘制方法同金币一样。你可以用同样的方法对其他图形制作这类质感效果。

图4-24 塑料效果

4.2 扭曲效果

"效果"菜单在Illustrator CC中经常被用户忽视。殊不知，合理运用"效果"菜单可以为图形添加质感特效，如细腻的阴影效果、可调节的变形、强大的3D效果等。

Illustrator CC的"效果"类似于Photoshop的"滤镜"命令，可以为图形添加许多特殊效果。"效果"菜单中的命令分为两大部分：Illustrator效果命令和Photoshop效果命令。而Illustrator效果里除SVG滤镜、变形、风格化可以针对位图图片外，剩下命令都只针对矢量图形来添加效果，如图4-25所示。

Illustrator CC的"效果"里多是针对"贝塞尔曲线"进行变形。

效果(C) 视图(V) 窗口(
应用"内发光"(A)　Shift+Ctrl+E
内发光...　Alt+Shift+Ctrl+E
文档栅格效果设置(E)...
Illustrator 效果
3D(3)
SVG 滤镜(G)
变形(W)
扭曲和变换(D)
栅格化(R)...
裁剪标记(O)
路径(P)
路径查找器(F)
转换为形状(V)
风格化(S)
Photoshop 效果
效果画廊...
像素化
扭曲
模糊
画笔描边
素描
纹理
艺术效果
视频
风格化

图4-25 "效果"命令

1 打开"扭曲效果"素材文件，将图形分别复制若干副本，对其分别执行菜单"效果"/"变形"命令、"扭曲和变换"命令、"转换为形状"命令、"风格化"命令等，效果如图4-26所示。通过设置不同参数可对图形进行不同程度的变形。

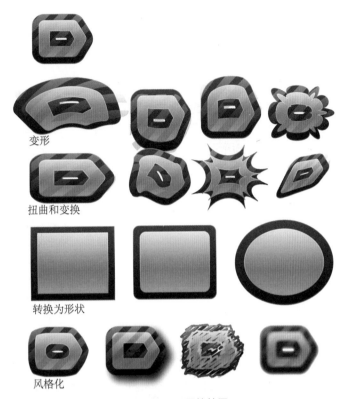

图4-26 不同的效果

2 不同于其他命令的是，"效果"命令不破坏原始路径。执行菜单"视图"/"轮廓"命令或按Ctrl+Y键，打开轮廓视图，如图4-27所示，图形外观虽然被变形，但原始路径并没有发生变化。

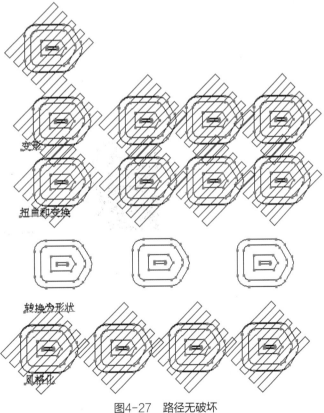

图4-27 路径无破坏

4.3 矢量三维效果

"效果"/"3D效果":模拟3D效果的命令,将原本平面化的矢量图形三维显示,可以绘制不同的图形对其执行"3D效果"查看其区别,如图4-28所示。

凸出和斜角　　绕转　　旋转

图4-28　3D效果

4.4 矢量滤镜效果

"效果"/"SVG滤镜":以代码的方式给予物体效果。这个效果会随物体的变化而变化,如图4-29所示。

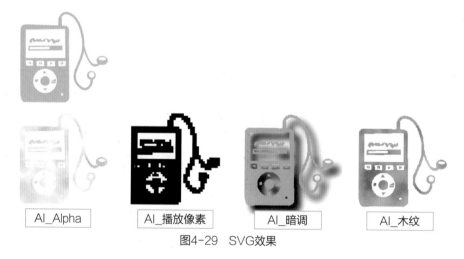

AI_Alpha　　AI_播放像素　　AI_暗调　　AI_木纹

图4-29　SVG效果

4.5 位图特效

"效果"/"Photoshop效果":为位图图像进行像素化特效变形,如图4-30所示。

合理运用Illustrator CC的"效果"命令可以为图形添加更多意想不到的视觉效果,从而使你的设计作品拥有更多耀眼夺目的视觉冲击力。

像素化　　　　　　　扭曲

模糊

画笔描边

素描

纹理　　　　　　　　艺术效果

视频　　　　　　　　风格化

图4-30　Photoshop效果

4.6　UI设计：质感细腻的图标效果

4.6.1　设计分析

　　UI图标精美细腻，设计师多使用Illustrator CC的渐变来表现其质感效果，同时结合Illustrator CC的"效果"命令，使质感效果变得更加多样化。如图4-31所示的图标，整个圆角矩形都是使用"渐变工具"来模拟图形的受光面和暗面，图标中间的色彩条块则使用Illustrator CC的"效果"命令为其添加投影效果。

图4-31　案例效果

4.6.2 技术概述

本节使用的工具有椭圆工具、圆角矩形工具、旋转工具、"颜色"面板、"渐变"面板、效果菜单、"对齐"面板等。使用的相关操作有新建文档命令、圆角矩形对话框设置、路径菜单命令、效果命令、栅格化命令、Ctrl+D/Ctrl+2键、选择工具的移动复制、图形的前后顺序、颜色的设置等。

4.6.3 操作步骤

1. 创建图形

1 执行菜单"文件"/"新建"命令，设置"配置文件"为Web，"大小"为800X600，单击"创建文档"按钮，如图4-32所示。

2 使用"圆角矩形工具"在工作区域内单击，打开"圆角矩形"对话框，参数设置如图4-33所示。输入数值后确定，建立矩形，效果如图4-34所示。

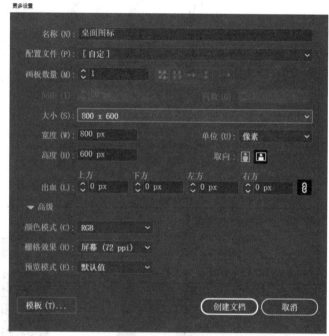

图4-32 新建文档

图4-33 设置圆角矩形

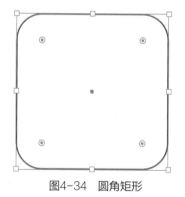

图4-34 圆角矩形

3 为矩形填充渐变，"渐变类型"为"线性"，渐变色为从RGB(102、102、102)至RGB(36、36、36)，注意渐变方向，如图4-35所示。

4 "渐变角度"为-90°，参数设置及效果如图4-36所示。

5 再次使用"圆角矩形工具"绘制矩形，参数设置如图4-37所示。为该新建的矩形填充径向渐变，参数设置及效果如图4-38所示。

RGB(102、102、102) RGB(36、36、36)

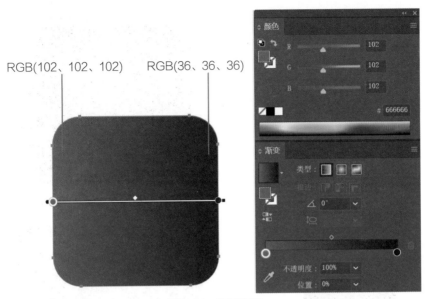

图4-35 矩形渐变

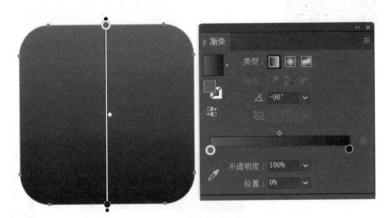

图4-36 渐变角度

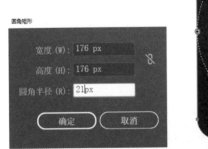

图4-37 设置圆角矩形

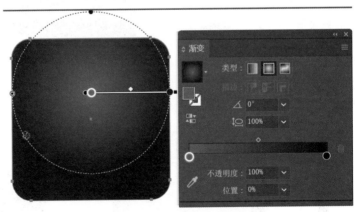

图4-38 渐变参数及效果

6 选择两个矩形,打开"对齐"面板。分别单击"垂直居中对齐"和"水平居中对齐"按钮,效果如图4-39和图4-40所示。

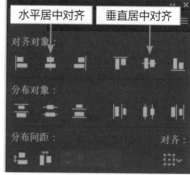

图4-39　对齐效果

图4-40　居中对齐

2. 创建图标中心图形

1 使用"圆角矩形工具"绘制图标中心的色条块，参数设置如图4-41所示。为图形填充黄色。

2 使用"线条工具"在矩形上绘制一条线段，如图4-42所示。

3 选择该线段，执行菜单"对象"/"路径"/"分割下方对象"命令，将矩形一分为二，效果如图4-43所示。分割后的图形可以被单独选择，如图4-44所示。

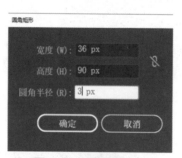

图4-41　设置圆角矩形

图4-42　绘制线段

4 选择该矩形，执行菜单"效果"/"风格化"/"外发光"命令，为矩形添加外发光效果，如图4-45所示。

图4-43　分割下方对象

图4-44　分割后效果

图4-45　外发光

5 使用"旋转工具"，按住Alt键在如图4-46所示的中心点位置单击，打开"旋转"对话框。输入数值后单击"复制"按钮，如图4-47所示。复制后效果如图4-48所示。

图4-46　旋转中心点

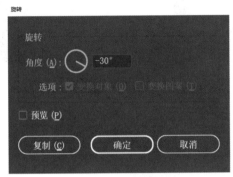

图4-47　旋转复制

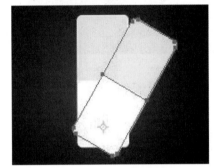

图4-48　旋转复制后效果

6 按Ctrl+D键重复上一次操作，如图4-49所示。

7 使用"直接选择工具"分别选择矩形的上半部分，为其填充不同色彩，效果如图4-50所示。

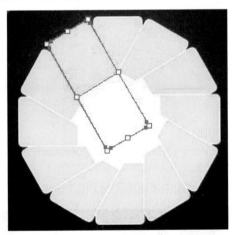

图4-49　重复复制后效果

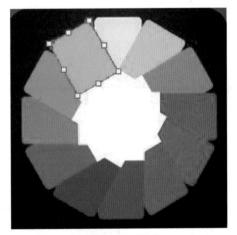

图4-50　分别填色

3. 添加投影效果

1 选择第一个矩形，执行菜单"对象"/"栅格化"命令，打开"栅格化"对话框，参数设置和效果如图4-51所示。依次对每个图形执行"栅格化"命令，效果如图4-52所示。

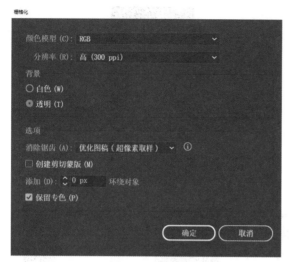

图4-51　栅格化

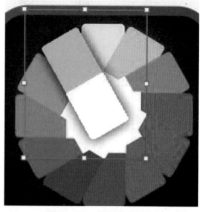

图4-52　栅格化效果

提示

　　"栅格化"的原因是单独为每一个图形添加外发光效果。如图4-53所示，左侧图是为未栅格化的图形添加投影效果，投影是添加在整个图形上；右侧图是为栅格化后的每一个图形都添加投影效果。

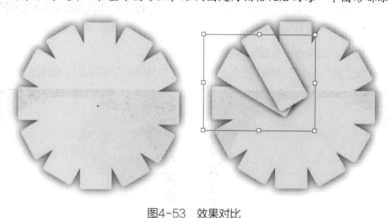

图4-53　效果对比

2 将栅格化后的图形按Ctrl+2键锁定，以防影响后面操作。

3 选择第二个图形后将其栅格化并锁定，重复该操作，将图中所有图形分别栅格化后并锁定，效果如图4-54所示。

4. 图标中心细节

1 使用"椭圆工具"绘制一个灰色椭圆，如图4-55所示。

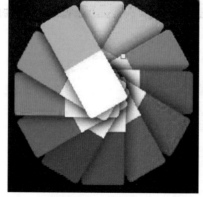

图4-54　制作效果

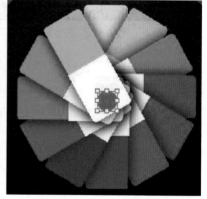

图4-55　绘制灰色椭圆

2 绘制另一个椭圆后使用"对齐"面板将其中心对齐，效果如图4-56所示。

3 将视图缩小，调整图标中各元素的位置和大小，最终效果如图4-57所示。

图4-56　对齐椭圆

图4-57　最终效果

4.6.4　拓展练习

　　如图4-58所示，图标和文字的投影就是使用Illustrator CC的"效果"/"投影"命令制作的。可以看到Illustrator CC的效果既可以为矢量图形添加，也可以为位图添加。区别在于为矢量添加效果时，效果会自动融合在一起；而为位图添加效果时，则不会，如图4-59所示。

图4-58　其他效果

为矢量添加的阴影效果

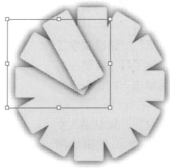

为位图添加的阴影效果

图4-59

第5章
字体设计实战

5.1 波浪字体设计

　　使用"文字工具"在图形路径或者内部单击后输入文字，即可创建"路径/区域文本"。

　　"路径/区域文本"拥有"点文本"和"段落文本"属性。

1 使用创建路径工具(如"钢笔工具" 、"画笔工具" 、"铅笔工具" 、"曲率工具" 等)创建开放路径，如图5-1所示。

2 使用"文字工具""路径文字工具""直排路径文字工具"在路径起点处当鼠标变形后单击，如图5-2所示。

3 打开"文本素材"，复制输入文字，即可创建路径文本，效果如图5-3和图5-4所示。

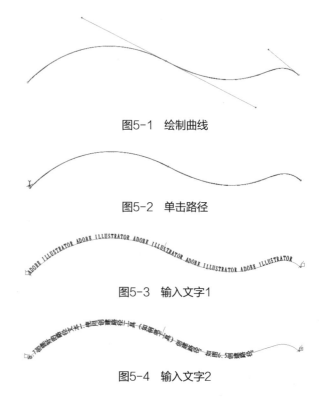

图5-1　绘制曲线

图5-2　单击路径

图5-3　输入文字1

图5-4　输入文字2

5.2 特殊区域字体设计

1 使用创建路径工具(如"标准几何工具"
■ ● ● ●、"钢笔工具" ✎、"画笔工具" ✐、
"铅笔工具" ✐、"曲率工具" ✐等)创建闭合路
径，如图5-5所示。

2 使用"文字工具""路径文字工具""直排路
径文字工具"在区域内当鼠标变形后单击，如图
5-6所示。

3 打开"文本素材"，复制输入文字，即可创建
路径文本，效果如图5-7所示。

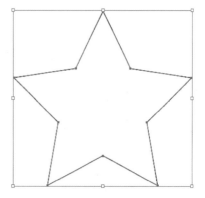

图5-5 绘制图形

图5-6 单击图形

图5-7 输入文字

提示

在闭合图形内创建区域文本时，可以配合Alt键在闭合图形外部创建路径文本，配合Shift键可以
在闭合图形内部创建竖排文本。需要输入不同的文本类型时，可通过查看鼠标状态来识别。如图5-8
所示为选择"文字工具"后的鼠标状态，图5-9所示为输入文字时的鼠标状态，图5-10所示为输入路
径文本时的鼠标状态，图5-11所示为输入区域文本时的鼠标状态。

图5-8 默认创建文字状态

图5-9 输入文字状态

图5-10 输入路径文本状态

图5-11 输入区域文本状态

5.3 个性化字体设计

Illustrator CC创建好"点文本"后，可以通过"字符"面板来设置点文本的外观、属性等，如图5-12和图5-13所示。

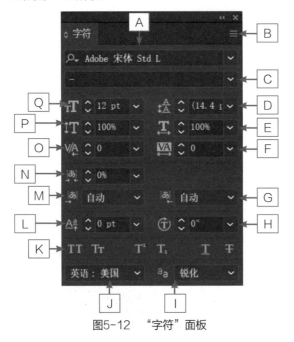

<table>
<tr><td>图5-12　"字符"面板</td><td>图5-13　隐藏菜单</td></tr>
</table>

A：设置字体。

B：隐藏菜单。

C：设置字体样式。

D：设置行距。

E：水平缩放。

F：设置所选字符间距。

G：插入右空格。

H：旋转字符。

I：字体锐化效果。

J：为选定文本指定一种语言，选择适当的词典。

K：设置文字下划线、删除线、上标下标等。

L：设置文字基线。

M：插入左空格。

N：设置字符比例间距。

O：字符间距微调。

P：垂直缩放。

Q：字号大小。

1 使用"文字工具"创建点文本，如图5-14所示。

2 使用"文字工具"选择需要更改设置的单个文字，如图5-15所示。

3 在"字符"面板中选择适当的"字体""字号"以及"字符间距"等，效果如图5-16所示，丰富的字体效果如图5-17所示。

图5-14 创建点文本　　　　　　　　图5-15 选择单个字符

图5-16 设置字体

图5-17 不同字体

5.4 个性化段落字体设计

Illustrator CC通过"段落"面板来设置段落文字的外观、属性等，如图5-18和图5-19所示。

A：隐藏菜单。

B：右缩进。

C：设置段后距离。

D：设置行末字符连字。

E：设置行末标点。

F：设置段前段后标点。

G：设置段前距离。

H：首行缩进。

I：左缩进。

J：设置段落对齐方式。

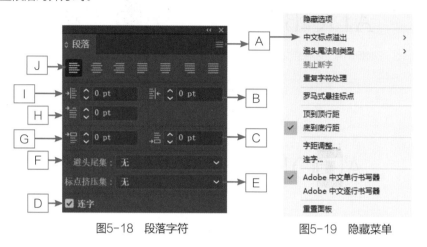

图5-18　段落字符　　　　　　　　　　　　　　图5-19　隐藏菜单

1. 修改文本段落对齐方式

1 使用"文字工具"创建"段落文本"，打开"文本素材"复制输入，如图5-20所示。

2 选择此"段落文本"(如要针对某段进行单独编辑，可将该段选择)，如图5-21所示。

3 单击"段落"面板中的"对齐"按钮，即可对齐文本，如图5-22所示。

第一章：Adobe Illustrator 概述
Adobe Illustrator是美国ADOBE公司推出的专业矢量绘图工具。Adobe Illustrator是出版、多媒体和在线图像的工业标准矢量插画软件。无论是生产印刷出版线稿的设计者和专业插画家、生产多媒体图像的艺术家、还是互联网页或在线内容的制作者，都会发现Illustrator 不仅仅是一个艺术产品工具。该软件为线稿提供无与伦比的精度和控制，适合生产任何小型设计到大型的复杂项目。
Adobe Illustrator 作为最著名的矢量绘图软件，以其方便快捷的绘图方式和无损失的图像显示而著称。Adobe Illustrator是针对于锚点进行编辑和修改，从而更改图形外观的软件。

图5-20　创建段落文本

针对全部段落编辑的选择方式

第一章：Adobe Illustrator 概述
Adobe Illustrator是美国ADOBE公司推出的专业矢量绘图工具。Adobe Illustrator是出版、多媒体和在线图像的工业标准矢量插画软件。无论是生产印刷出版线稿的设计者和专业插画家、生产多媒体图像的艺术家、还是互联网页或在线内容的制作者，都会发现Illustrator 不仅仅是一个艺术产品工具。该软件为线稿提供无与伦比的精度和控制，适合生产任何小型设计到大型的复杂项目。
Adobe Illustrator 作为最著名的矢量绘图软件，以其方便快捷的绘图方式和无损失的图像显示而著称。Adobe Illustrator是针对于锚点进行编辑和修改，从而更改图形外观的软件。

针对单独段落编辑的选择方式

第一章：Adobe Illustrator 概述
Adobe Illustrator是美国ADOBE公司推出的专业矢量绘图工具。Adobe Illustrator是出版、多媒体和在线图像的工业标准矢量插画软件。无论是生产印刷出版线稿的设计者和专业插画家、生产多媒体图像的艺术家、还是互联网页或在线内容的制作者，都会发现Illustrator 不仅仅是一个艺术产品工具。该软件为线稿提供无与伦比的精度和控制，适合生产任何小型设计到大型的复杂项目。
Adobe Illustrator 作为最著名的矢量绘图软件，以其方便快捷的绘图方式和无损失的图像显示而著称。Adobe Illustrator是针对于锚点进行编辑和修改，从而更改图形外观的软件。

图5-21　设置段落属性

左对齐

中对齐

右对齐

两端对齐，末行左对齐

两端对齐，末行中对齐

两端对齐，末行右对齐

全　部　两　端　对　齐

图5-22　对齐方式

2. 修改段落文本缩进

1 创建"段落文本"，打开"文本素材"复制输入文字。

2 选择此"段落文本"(如要针对某段进行单独编辑，可将该段选择)。

3 在"段落"面板中的"缩进"数值栏内输入数值，即可缩进文本段落，效果如图5-23所示。

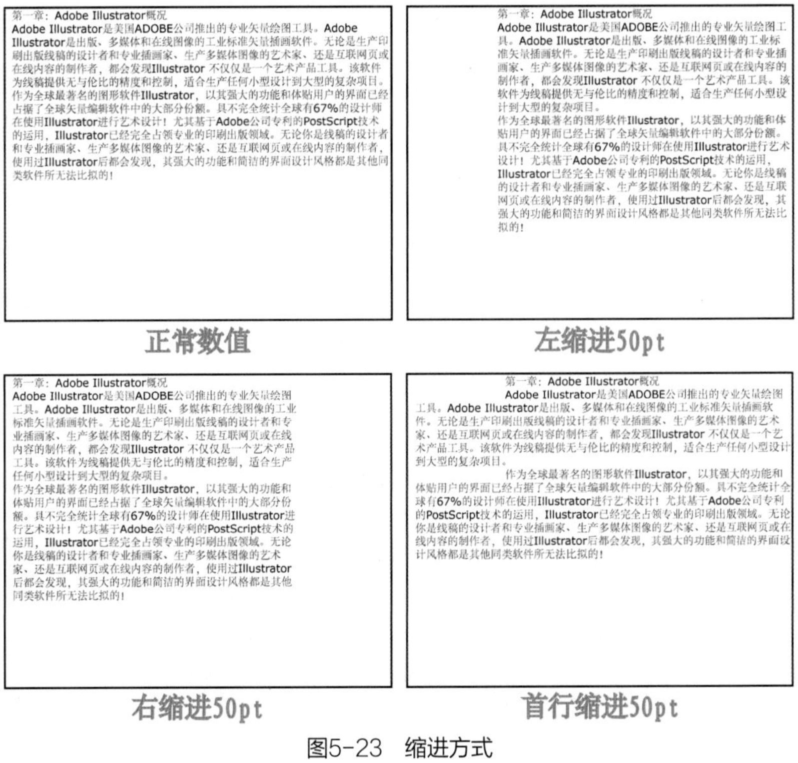

正常数值

左缩进50pt

右缩进50pt

首行缩进50pt

图5-23　缩进方式

3. 修改段落标点设置

1 创建"段落文本"，打开"文本素材"复制输入文字。

2 选择该"段落文本"。

3 在"段落"面板中的"避头尾集"和"标点挤压集"中选择设置，效果如图5-24所示和图5-25所示。

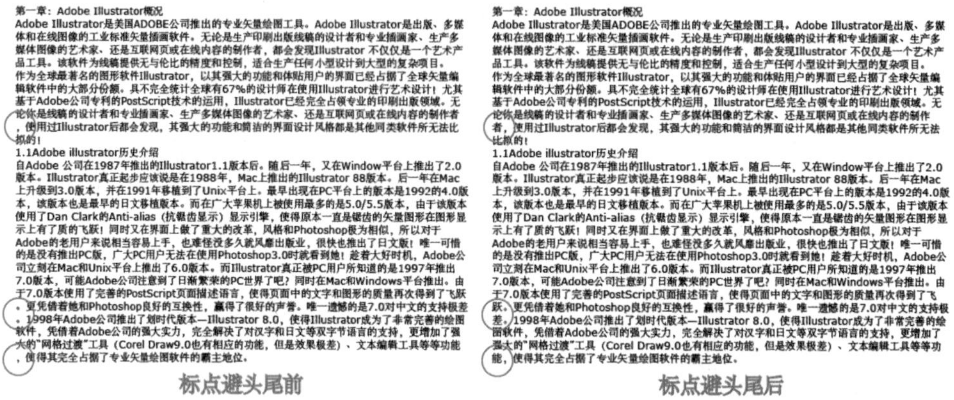

图5-24　避头尾

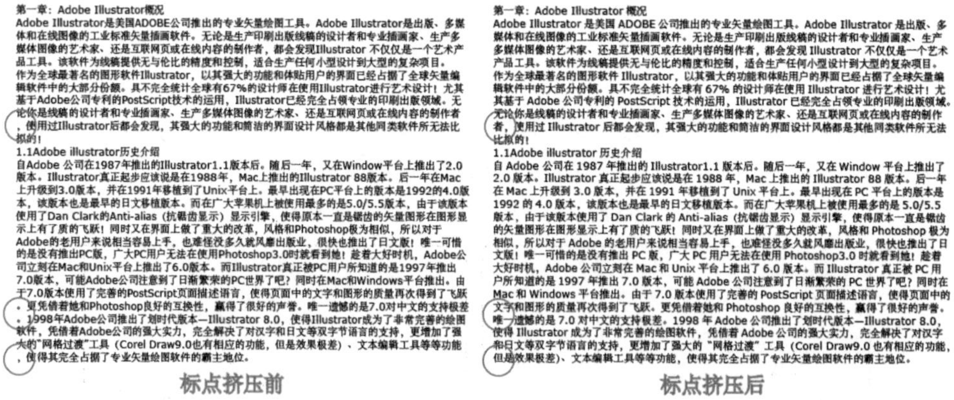

图5-25　标点挤压

5.5　图文混合排版设计

设计排版时会需要将文字和图片进行混合排放，而在Illustrator CC中对于文本绕排的操作是非常方便的。可以通过"文本绕排"的命令快速进行图文混排，并可随意设置其距离。

1 创建"段落文本"，打开"文本素材"复制输入文字。导入素材图片。

2 选择导入的图片，执行菜单"对象"/"文本绕排"/"建立"命令，即可将文本绕排，如图5-26所示。

3 通过菜单"对象"/"文本绕排"/"释放"命令将绕排后的文本释放。

4 通过菜单"对象"/"文本绕排"/"文本绕排选项"命令设置图片绕排后的数值，如图5-27所示。不同的数值效果是不同的，如图5-28所示。

图5-26　文本环绕

图5-27　文本绕排选项

图5-28　不同数值效果

5.6　链接文字设计

当使用"段落文本"时，会经常遇到文字数量太多，而一个文本框无法显示所有文字的情况，这时可以使用"串接文本"。

1 以上一节文本绕排后的效果为例。绕排后的文本会出现有部分文字没有显示的情况，如图5-29所示。

2 使用鼠标单击该标记后，鼠标变形，如图5-30所示。

3 直接在画板上单击鼠标，创建新的文本框，将未显示文字排列出来。

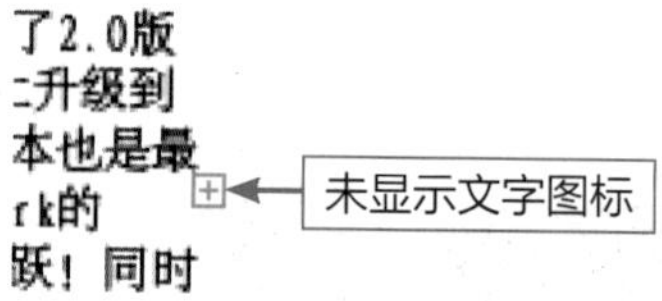

4 也可在绘制好的图形内部进行单击，将文字排列出来。

5 排列好的文字将和上一段文字有链接关系，如图5-31所示。

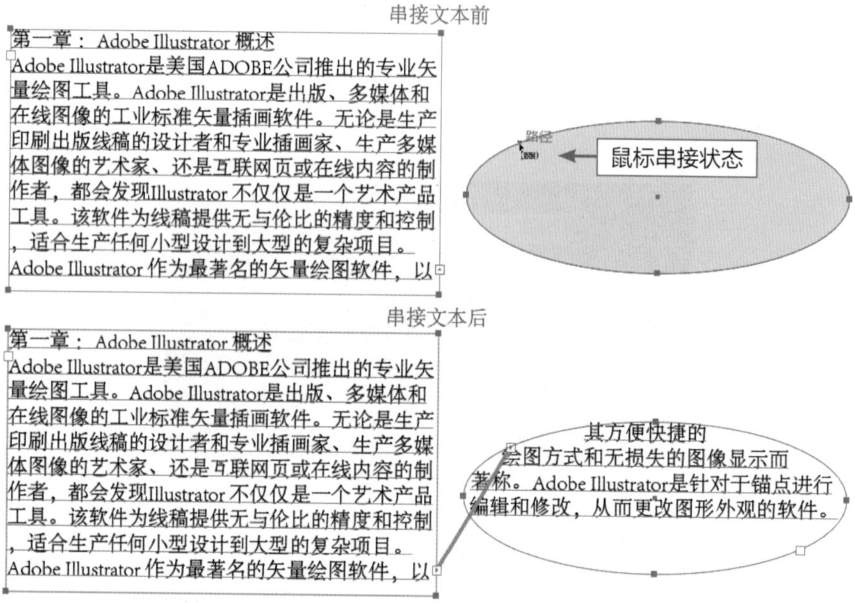

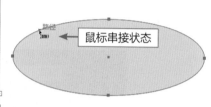

图5-29　未显示文字　　　图5-30　串接文本

图5-31　串接文本效果

5.7　蒙版文字设计

此种类型常应用于文字的透底特效，将图片和文字相结合体现新的效果。将文字和图片选择，执行菜单"对象"/"剪切蒙版"/"建立"命令，即可创建文字蒙版，效果如图5-32所示。

图5-32　蒙版效果

1 在Illustrator CC中新建文档，导入素材图片，如图5-33所示。

2 使用"文字工具"创建文本，效果如图5-34所示。

3 将文字放置于图片上方的适当位置并全部选择，效果如图5-35所示。

4 执行菜单"对象"/"剪切蒙版"/"建立"命令，即可创建文字蒙版，效果如图5-36所示。

图5-33　导入位图

图5-34　创建字符

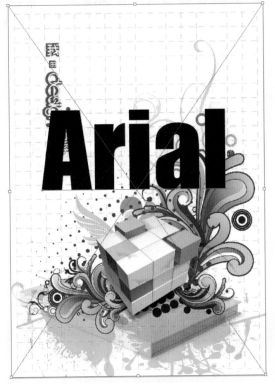

图5-35　置于位图上

图5-36　创建蒙版

5 可将完成的文字放置于底图上，效果如图5-37所示。

图5-37　不同底色

5.8　画笔文字设计

此种类型经常应用于书法效果，体现中国书法的魅力，同时便于编辑。输入文字并将文字转曲，将"画笔"面板上的笔触应用于文字，效果如图5-38所示。也可以通过"外观"面板为文字添加多个描边笔触以获得更多效果。

图5-38　画笔效果

1 使用"文字工具"输入文字，如图5-39所示。

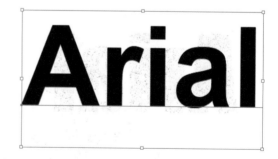

图5-39　创建文本

2 选择该文字后，将其转为曲线，如图5-40所示。

图5-40　转为曲线

3 打开"画笔"面板，在适当笔触上单击，即可将笔触添加至文字描边上，效果如图5-41所示。

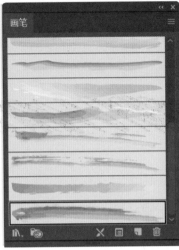

图5-41　添加描边

5.9　变形文字设计

此种类型模拟文字的涂鸦效果，将随意性和儿童性融汇于文字当中。使用菜单"效果"/"风格化"/"涂抹"和"色板"面板创建图案后为文字填充，再为文字执行"描边""涂抹"命令即可，如图5-42所示。

1 创建一个黑色的矩形，如图5-43所示。

2 对该矩形执行菜单"效果"/"风格化"/"涂抹"命令，如图5-44和图5-45所示。

3 将该矩形拖曳至"色板"面板，如图5-46所示。

图5-42　变形文本

图5-43　创建矩形

图5-45　涂抹效果

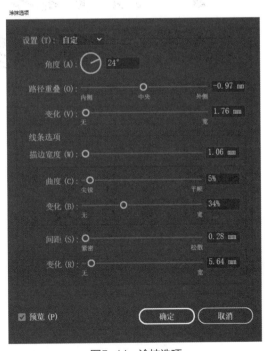

图5-44　涂抹选项

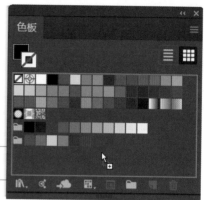

图5-46　建立图案

4 使用"文字工具"输入文字，如图5-47所示。

5 选择该文字，单击"色板"面板上刚存储的图案，效果如图5-48所示。

6 为填充好图案的文字添加描边，如图5-49所示。

7 对文字执行菜单"效果"/"风格化"/"涂抹"命令，效果如图5-50所示。

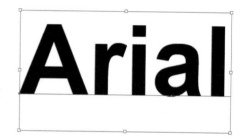

图5-47　输入文本

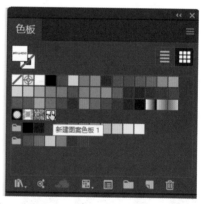

图5-48　添加图案

图5-49　添加描边

图5-50　涂抹文字

5.10 多彩文字设计

此种类型可以为文字变化出多种色彩。由于文字的特殊编辑属性，所以导致文字的色彩非常单调，对路径图形与转曲后的文字执行路径查找器命令，修改颜色即可，如图5-51所示。

1 使用"文字工具"输入文字，如图5-52所示。

2 对该文字执行菜单"文字"/"创建轮廓"命令，将文字转换为曲线，如图5-53所示。

图5-51 多彩文本

图5-52 输入文本

图5-53 转为曲线

3 使用"钢笔工具"绘制一个闭合的路径图形，将其置于文字的上方，如图5-54所示。

4 将两个图形选择，单击"路径查找器"面板中的"分割"按钮，效果如图5-55所示。

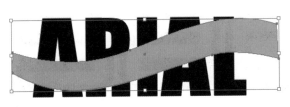

图5-54 绘制图形

图5-55 分割对象

5 在分割后的图形上右键单击，选择菜单"取消编组"命令，将图形解组。

6 将多余的图形选择后删除，如图5-56和图5-57所示。

7 选择其他图形后为其填充颜色，效果如图5-58所示。

图5-56 选择图形

图5-57　删除多余图形 　　　　　　　　　　　图5-58　选择单个形状添加颜色

8 可以为图形填充单色、渐变或者图案等填充色，以获得更多效果，如图5-59所示。

图5-59　不同效果

5.11　钢铁文字设计

↘ 5.11.1　设计分析 |

如图5-60所示，案例中可以看到作品的外轮廓描边具有渐变特点，Illustrator CC中可以填充渐变描边。作品上的光影效果是采用了渐变透明的方式，用到了渐变中的透明度设置。

图5-60　案例效果

↘ 5.11.2　技术概述 |

本案例中使用的工具有文字工具、旋转工具、"颜色"面板、"渐变"面板、透明度效果菜单、"对齐"面板等，使用的相关操作有文字字符输入、文字转曲、路径菜单命令、效果命令、旋转命令、Ctrl+D键、选择工具的移动复制、图形的前后顺序、颜色的设置等。

5.11.3 操作步骤

1. 建立文字

1 使用"文字工具"创建文本，选择适当的字体，或打开文字素材使用，如图5-61所示。

2 选择其中"D"字来制作。为了将其从文字属性转换为路径轮廓，执行菜单"文字"/"创建轮廓"命令(按Ctrl+Shift+O键)，将其转为轮廓，如图5-62所示。

图5-61 创建文本　　　　　　　　　　　　　图5-62 创建轮廓

3 接下来要为该轮廓创建更加粗的外轮廓。选择该图形，执行菜单"对象"/"路径"/"偏移路径"命令，效果如图5-63所示。

4 为中间的图形添加渐变和描边，由于Illustrator CC可以为描边添加渐变，我们可以利用此功能为图形添加渐变效果。首先为中间图形添加粗细合适的描边，使用"描边"面板为图形添加合适的描边，效果如图5-64所示。

5 为该描边添加渐变。"渐变类型"为"线性渐变"，"角度"为−90°，如图5-65所示，颜色数值如图5-66所示。

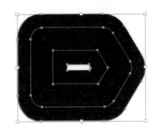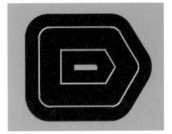

图5-63 偏移路径　　　　　　　　图5-64 描边效果

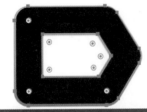

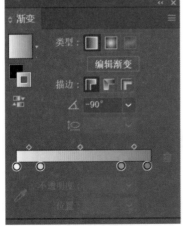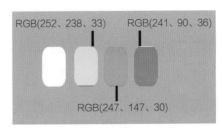

图5-65 添加渐变　　　　　　　图5-66 渐变颜色及数值

6 为图形的填充色添加渐变色。"渐变类型"为"线性渐变", "渐变角度"为-90°, 如图5-67
所示, 颜色数值如图5-68所示。

图5-67 添加渐变

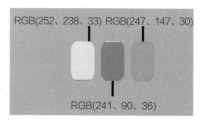

图5-68 渐变颜色及数值

7 为底图图形的描边添加黑色渐变, 描边要适当大小才能显示渐变。"渐变类型"为"线性渐
变", "渐变角度"为-90°, 如图5-69所示, 颜色数值如图5-70所示。

图5-69 添加渐变

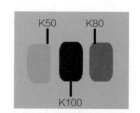

图5-70 渐变颜色及数值

8 为底图图形添加渐变的填充色，填充色的渐变要非常细微，建议从K85渐变至K100。

9 将两个填充好渐变的图形进行居中对齐放置，可以通过"对齐"面板对齐。注意，将黑色渐变放在彩色渐变图形的下方，可以通过右键菜单的"排列"命令来调整顺序，或者通过"图层"面板来调整图形顺序，效果如图5-71所示。

图5-71 图形顺序

2. 添加光影效果

1 接下来要为图形添加光影效果，由于光影是微妙的变化，所以需要用到"渐变"面板和"透明度"面板。使用"矩形工具"绘制一个矩形或者使用"线条工具"绘制一条线段，为其添加粗的描边，然后将其转为轮廓，效果如图5-72所示。

2 使用"选择工具"按住Alt键将矩形移动复制一个副本，效果如图5-73所示。

3 按Ctrl+D键重复移动复制步骤，效果如图5-74所示。

图5-72 绘制矩形　　　图5-73 复制矩形　　　　　　图5-74 复制副本

4 选择所有矩形，双击"旋转工具"，在对话框中设置"角度"为-45°，如图5-75所示。将所有矩形旋转，效果如图5-76所示。

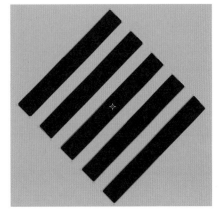

图5-75 旋转图形　　　　　　　　　图5-76 旋转后效果

5 使用"渐变"面板为所有矩形添加统一的渐变效果，"渐变类型"为"线性渐变"，"渐角度"为-90°，"渐变方向"是从白色至黑色，将黑色的"不透明度"更改为50%，如图5-77所示。

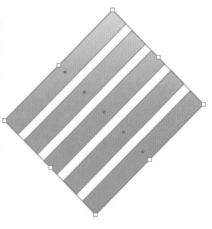

图5-77　添加渐变

6 将D字母复制副本后置于矩形的上方，效果如图5-78所示。

7 选择两个图形，执行菜单"对象"/"剪切蒙版"/"建立"命令(按Ctrl+7键)，将矩形放入D字母内部，效果如图5-79所示。

8 将做好的图形和之前的图形进行居中放置，效果如图5-80所示。

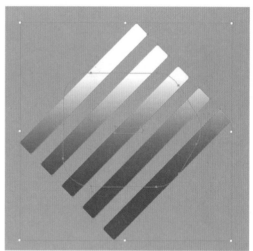

图5-78　创建蒙版

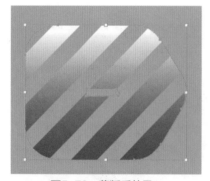

图5-79　蒙版后效果

图5-80　居中放置

9 由于图形过于明显，所以使用"透明度"面板更改透明度。选择图形，在"透明度"面板中将"不透明度"设置为40%，如图5-81所示，最终效果如图5-82所示。

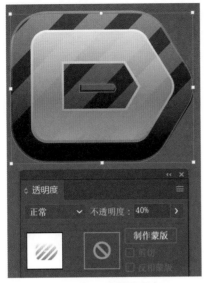

图5-81 设置透明度　　　　　　　　　图5-82 最终效果

5.11.4 拓展练习

　　针对文字的设计应用，常用的方法是将文字转为曲线，然后针对路径进行特效的添加。如果不将文字转为曲线，很多效果就不能应用到文本属性的图形中，所以为文字添加效果时，就需要将文字复制副本，针对副本进行转曲编辑，再加入渐变等效果，即可做出效果绚丽的文字设计图案，如图5-83和图5-84所示。

图5-83 其他效果1

图5-84　其他效果2

第6章
矢量配色设计实战

6.1 配色基础技巧练习

6.1.1 设计分析

  如图6-1所示,案例中使用的颜色较少,同时整体颜色控制在中性色调中,而颜色之间的搭配使用了大面积的蓝色作为基色,少量补色作为点缀画面的颜色。在配色时,Illustrator CC的色板中自带了多种配色方案,可以很方便地为作品进行配色。

图6-1 案例模板

6.1.2 技术概述

本案例中使用到的工具有选择菜单、"色板"面板、"颜色"面板、拾色器等，使用的相关操作有颜色的基础设置、"色板"面板的配色选择、选择菜单的应用、存储所选对象等。

6.1.3 操作步骤

1. 设定颜色范围

1 使用"选择工具"或"直接选择工具"选择图中颜色最深的那块图形，如图6-2所示。执行菜单"选择"/"相同"/"填充颜色"命令，将与其相同填充颜色的图形全部选择，如图6-3所示。

图6-2　选择最深的图形　　　　　　　图6-3　选择相同颜色的图形

2 执行菜单"选择"/"存储所选对象"命令，打开"存储所选对象"对话框，输入名称，如图6-4所示。存储的相同颜色将在"选择"菜单命令下找到，如图6-5所示。

图6-4　存储所选对象

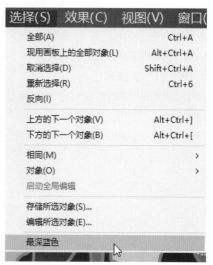

图6-5　存储的效果

3 使用相同的方法选择所有中等蓝色图形，如图6-6所示。将其存储命名为"中等蓝色"。选择最亮蓝色部分，如图6-7所示。将其存储命名为"最亮蓝色"，如图6-8所示。

4 将图中所有相同颜色的图形全部存储在"选择"菜单下，并按颜色名称依次存储，如图6-9所示。

图6-6 选择中等蓝色的图形

图6-7 选择最亮蓝色的图形

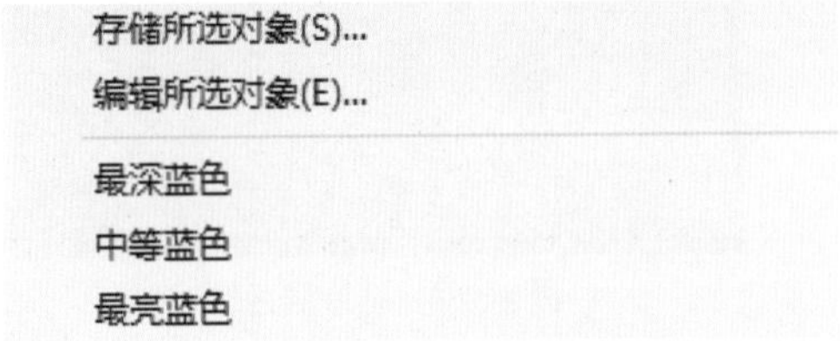

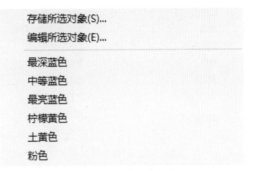

存储所选对象(S)...
编辑所选对象(E)...

最深蓝色
中等蓝色
最亮蓝色

图6-8 存储后的名称

图6-9 存储所有颜色

2. 使用色板更改颜色

1 在"色板"面板中单击下方的"色板库菜单"/"艺术史"/"流行艺术风格"命令，如图6-10和图6-11所示。打开色板中的流行艺术风格颜色组，如图6-12所示。这里将使用最下面一组颜色来替换之前的颜色。

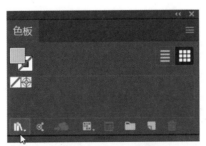

图6-10 单击"色板库菜单"

2 执行菜单"选择"/"最深蓝色"命令，将其选择，使用"流行艺术风格"色板中的"黑色"将其代替，如图6-13所示。

图6-11 "色板库菜单"命令

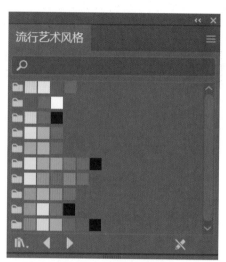

图6-12 选择颜色组

图6-13 提取选区并替换颜色

3 执行菜单"选择"/"中等蓝色"命令，将其选择，使用"流行艺术风格"色板中的"深红色"将其代替，如图6-14所示。

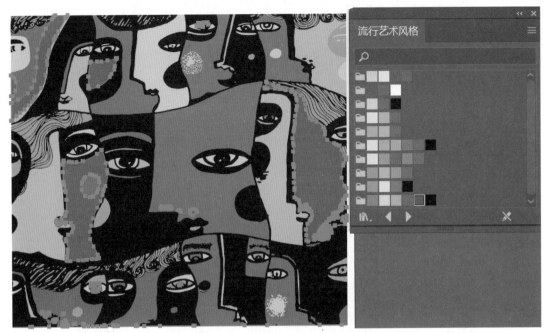

图6-14　提取中等选区并替换颜色

4 执行菜单"选择"/"最亮蓝色"命令，将其选择，使用"流行艺术风格"色板中的"蓝色"将其代替，如图6-15所示。

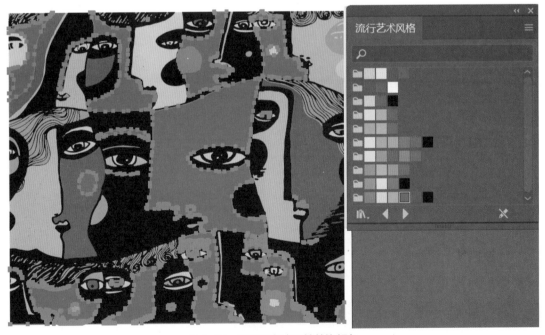

图6-15　提取最亮选区并替换颜色

5 使用同样的方法将剩余部分全部替换，替换后效果如图6-16所示。

图6-16　替换后效果

6 可以比较替换前后的同一幅画不同的颜色风格，如图6-17所示。

图6-17　前后对比效果

6.1.4　拓展练习

通过案例可以发现，使用Illustrator CC非常方便更改作品的配色效果，这种方法适用于展现同一作品的不同配色效果，如图6-18所示。

图6-18 其他效果

6.2 手稿变矢量：图像描摹

"图像描摹"可以快速将位图图像转化为矢量图形，如图6-19所示。例如，根据手绘铅笔图形创建矢量图形，或将位图格式的标志图形转化为矢量图形。

原稿　　　　　　　　　　　　　　图像描摹后

图6-19 描摹前后效果

"图像描摹"是将位图图像转换为矢量图形的常用方式，它根据位图图像的色彩分布自动识别并将其转换为矢量图形，具体方法如下。

1 新建文档，执行菜单"文件"/"置入"命令，打开"置入"对话框，如图6-20所示。选择图片，单击"置入"按钮。

图6-20 "置入"对话框

2 选择置入后的位图图像，属性栏内显示该图像信息，单击"图像描摹"按钮，在弹出的下拉菜单中选择"16色"命令，如图6-21所示。

图6-21 描摹选项

3 图像描摹后效果如图6-22所示。

4 执行菜单"窗口"/"图像描摹"命令，打开"图像描摹"面板，可在面板中设置描摹属性。勾选"预览"可以实时查看描摹结果，如图6-23所示。在"图像描摹"面板中存储有设置好参数的预设，可以根据需要来选择不同的预设，如图6-24所示。

图6-22 描摹后效果

图6-23 "图像描摹"面板

5 将位图图像转为矢量图形后，默认是"组合"状态，执行菜单"对象"/"扩展"命令，打开"扩展"对话框，如图6-25所示。将图形扩展为路径属性，如图6-26所示。

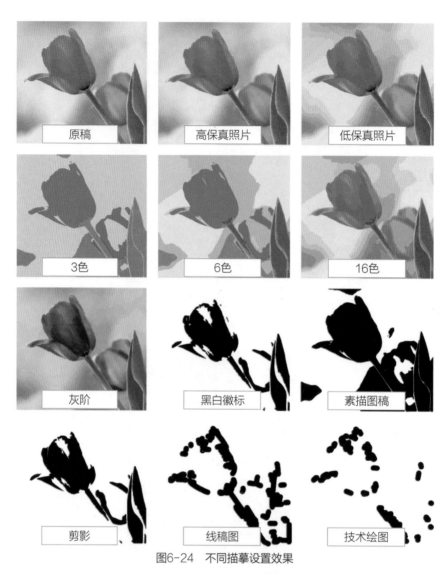

图6-24 不同描摹设置效果

图6-25 扩展对象

图6-26 扩展后效果

6.3 方便快捷的上色技巧：实时上色

"实时上色"是Illustrator CC针对上色专门开发的功能，在工具栏中可以找到"实时上色工具"，如图6-27所示。

图6-27 实时上色工具

1. 实时上色工具

实时上色工具可以快速识别由图形路径形成的闭合区域，自动转变为封闭区域从而进行填色。操作方法如下。

1 绘制两个图形，交叠放置，如图6-28所示。

2 使用"实时上色工具"在图形中单击，当第一次使用该工具时，会出现"实时上色工具提示"，如图6-29所示。

3 单击"确定"按钮，就可以将色板中的颜色填充至图中，如图6-30所示。

4 使用"实时上色工具"填充的图形将自动转变为"实时上色组"。该组内的图形只能被"实时上色工具"填充，如图6-31所示。

5 "实时上色工具组"非常便于填充颜色和调整颜色，会根据整片区域来填充颜色。

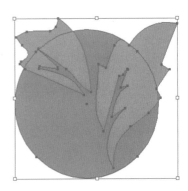

图6-28 绘制图形

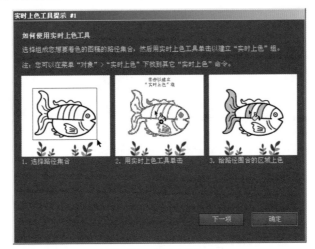

图6-29 实时上色提示

图6-30 实时上色状态

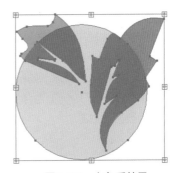

图6-31 上色后效果

2. 实时上色选择工具

"实时上色选择工具"只能选择已经通过"实时上色工具"进行上色的图形，实时上色的图形内部并没有被破坏。当使用"直接选择工具"选择时，会发现选择的图形依然是原始的未被破坏的图形，如图6-32和图6-33所示。

图6-32　直接选择　　　　　　　　图6-33　移动效果

如果需要选择填充内的图形，就需要用到"实时上色选择工具"。使用"实时上色选择工具"直接在图形内单击，就可以将填充图形选择为网点状态，即为被选择状态，如图6-34所示。通过拖曳"实时上色工具"，可以同时选择两个以上图形，如图6-35所示。选择后可以重新为图形填充新的颜色，如图6-36所示。

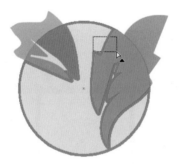

图6-34　选择状态　　　　　　图6-35　选择多个图形　　　　　　图6-36　选择后填色

3. 形状生成器工具

"形状生成器工具"是Illustrator CC针对于形状选择开发的功能，可以直接将两个以上图形进行合并或删减操作。和"实时上色工具"一样，"形状生成器工具"会自动识别由路径形成的闭合区域，如图6-37所示。

默认情况下"形状生成器工具"产生的图形为"组合"属性，可以将两个区域合并处理。按Alt键变为删减属性，可以将区域删除。如图6-38所示为默认合并状态，如图6-39所示为合并后效果，如图6-40所示为删减后效果。

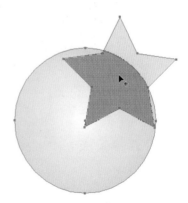

图6-37　选择封闭区域

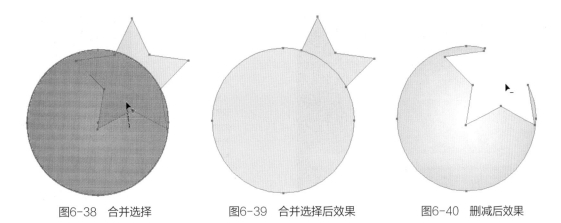

| 图6-38　合并选择 | 图6-39　合并选择后效果 | 图6-40　删减后效果 |

6.4　快速配色技巧：颜色参考

　　"颜色参考"面板可以根据填充色给出合适的配色方案，并使用这些颜色对图稿进行着色，可以在"重新着色图稿"对话框中对它们进行编辑，也可以将其存储为"色板"面板中的色板或色板组，如图6-41所示。

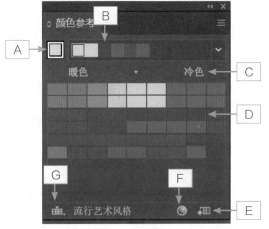

图6-41　"颜色参考"面板

　　A：当前图形中的基色。

　　B：协调规则菜单和当前颜色组。

　　C：现用颜色。

　　D：颜色变化。

　　E：将颜色组存储至"色板"面板。

　　F：根据所选对象编辑颜色。

　　G：将颜色限定为指定色板库。

　　可以使用"颜色参考"面板为图形创建新的颜色搭配方案，从而选择更佳的配色效果，方法如下。

1 使用工具箱中的"颜色拾色器"或"颜色"面板选择基色，如图6-42所示。

2 在"颜色参考"面板中设定指定色板库，如图6-43所示。

3 在"协调规则"中选择颜色组，如图6-44所示。

4 使用"矩形工具"绘制6个矩形，并依次填充颜色，如图6-45所示。

5 全部选择6个矩形后，单击"颜色参考"面板中编辑或应用颜色，打开"重新着色图稿"对话框，如图6-46所示。可以看到6个矩形的颜色已经被重新定义为新的配色方案。

6 在"当前颜色"中可以设定各自颜色的替换颜色，如图6-47所示。也可以通过拖曳的方式来设定颜色。可以统一改变配色方案，默认情况下配色为6色以下配色，如果原稿颜色数量过多，会自动概括同类色至6种颜色。

7 选择"编辑当前颜色"时，可以通过"色板"来调整当前颜色，如图6-48所示。如图6-49所示为通过"颜色参考"面板调整颜色后效果。

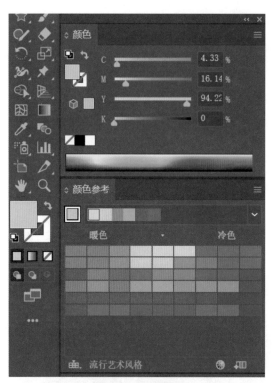

图6-42　设置基色

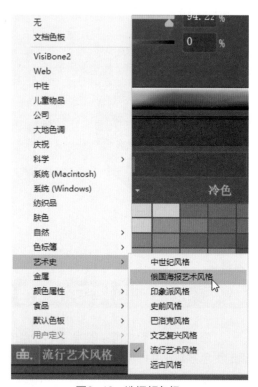

图6-43　选择颜色组

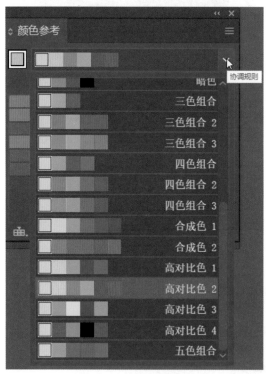

图6-44　选择协调规则

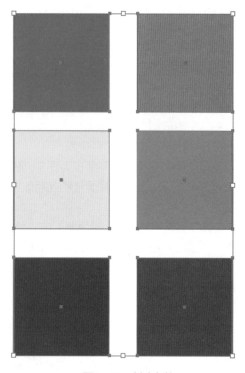

图6-45　创建色块

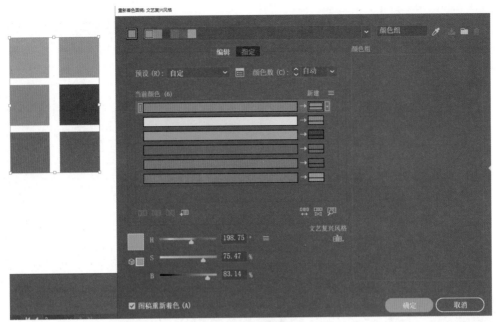

图6-46　重新着色

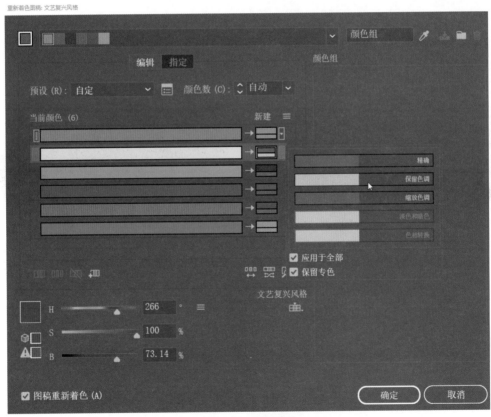

图6-47　设置着色

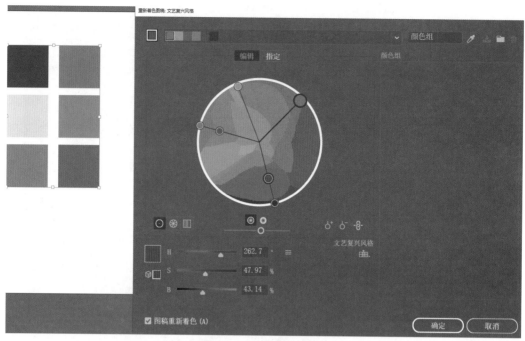

图6-48　重新着色后效果

图6-49　不同着色效果

6.5 配色设计：极易出彩的图像描摹和再配色

↘ 6.5.1 设计分析

　　"图像描摹"是根据图像像素点数值来矢量化的，所以控制原稿的黑白对比度非常重要。如图6-50所示为使用黑色马克笔绘制的作品，再使用数码相机拍照导入电脑中。整个作品的黑白对比度会降低，就需要将作品的黑白对比度通过Photoshop调整原稿的状态，再导入Illustrator CC中进行图像描摹，这样描摹的作品将会非常清晰。

图6-50　作品效果

📥 6.5.2　技术概述

本案例中使用的工具有Photohop的相关图像工具、Illustrator CC的图像描摹、实时上色、"颜色参考"面板等；使用的相关操作有颜色色板设置、实时上色功能、图像描摹功能、Photoshop中图像调整操作等。

📥 6.5.3　操作步骤

1. 处理原稿

1 处理手绘线稿是Photoshop非常擅长的。使用Photoshop软件打开手绘稿。首先对素材进行"去色"处理，执行菜单"图像"/"调整"/"去色"命令或按Shift+Ctrl+U键，效果如图6-51所示。

图6-51　Photoshop去色

2 执行菜单"图像"/"调整"/"曲线"命令或按Ctrl+M键，打开"曲线"对话框，将对话框中的曲线调整为S形，如图6-52所示。将手稿的黑白对比度加强，目的是去掉中间灰色色调。

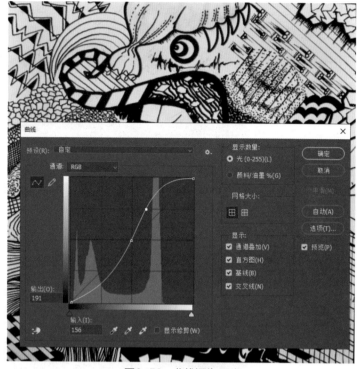

图6-52 曲线调为S形

3 执行菜单"文件"/"存储"命令或按Ctrl+S键，打开"另存为"对话框，将文件保存，如图6-53所示。选择格式为JPEG格式，弹出"JPEG选项"对话框，设置"品质"为"最佳"，单击"保存"按钮，如图6-54所示。

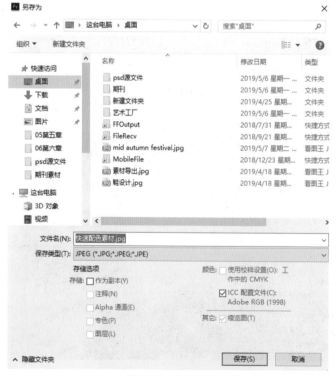

图6-53 存储文件

图6-54 设置JPEG参数

2. 设定颜色

1 切换至Illustrator软件，执行菜单"文件"/"打开"命令或按Ctrl+O键，弹出"打开"对话框，选择调整后的手稿，单击"打开"按钮，如图6-55所示。打开后的文档状态如图6-56所示。

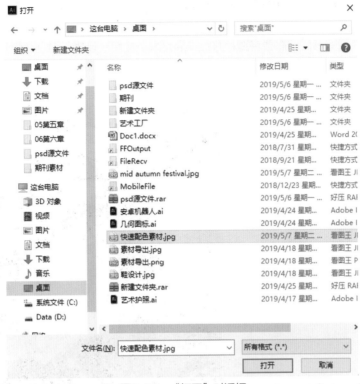

图6-55　"打开"对话框

图6-56　打开状态

2 使用"选择工具"选择该图,单击属性栏中的"图像描摹"按钮,将位图转换为矢量图形,如图6-57所示。

图6-57 图像描摹

3 将手稿转为矢量图形后,需要将图片路径扩展出来。使用"选择工具"选择该图,单击属性栏中的"扩展"按钮,如图6-58所示。扩展为路径后的图形如图6-59所示。

图6-58 扩展图形　　　　　　　　　　　　　　图6-59 扩展后效果

4 使用"实时上色工具"选择合适颜色将其填充,如图6-60所示。

图6-60 实时上色

5 依次选择不同区域对图形进行填充，如图6-61所示。

图6-61　实时上色效果

6 最终效果如图6-62所示。

图6-62　最终效果

6.5.4　拓展练习

　　为图稿填充颜色后，可以使用本节所学内容对图稿进行重新着色，如图6-63所示。需要注意的是图稿颜色越多越难掌控，练习作品时可以将颜色控制在6色之内进行填色。而色板中自带的颜色组多为6色配色颜色组，这样搭配颜色就会非常方便。

图6-63　其他效果

第7章
设计质感中级实战

7.1 提高作品质感的技巧

Illustrator CC可以将对象的外形或者颜色以"变异"的方式逐步变形为另一个对象。可在多个对象之间进行混合，也可以在渐变或者复合路径间进行混合。同时可以对混合的对象进行编辑、调整等。使用"混合工具"  或使用"对象"/"混合"命令创建混合对象。

1️⃣ 绘制2个不同形状的图形，如图7-1所示。

2️⃣ 使用"混合工具"分别单击2个图形；或者选择2个图形，执行菜单"对象"/"混合"/"建立"命令，即可将2个图形进行混合。混合后效果如图7-2所示。

图7-1　不同形状的图形

3️⃣ 执行菜单"对象"/"混合"/"混合选项"命令，打开"混合选项"对话框。设置混合中间数值，如图7-3所示。

4️⃣ 设置数值后的效果如图7-4所示。

5️⃣ 使用"选择工具"选择图形后双击，进入图形的编组内部，如图7-5所示。

6️⃣ 选择单独图形，移动该图形至下方图形上，在空白处双击退出编组，效果如图7-6所示。

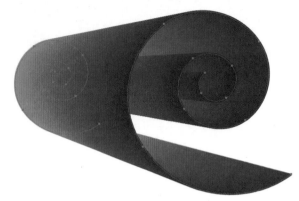

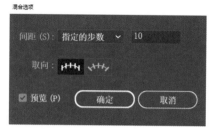

图7-2　混合后的效果

图7-3　"混合选项"对话框

图7-4　减少数值后的混合效果

图7-5　进入图形内部

图7-6　移动后的混合效果

提示

> 混合图形经常用来模拟"渐变"面板完成不了的不规则渐变方式。

7.2 提高作品质感的方法

1 绘制3个不同形状的图形，如图7-7所示。

2 将3个图形混合，如图7-8所示。

3 绘制1条曲线。使用"选择工具"选择混合的图形以及绘制的曲线，如图7-9所示。

4 执行菜单"对象"/"混合"/"替换混合轴"命令，效果如图7-10所示。

5 执行菜单"效果"/"扭曲和变换"/"变换"命令，输入图中数值，即可得到效果惊人的作品，如图7-11所示。

图7-7 不同形状的图形

图7-8 混合后的图形

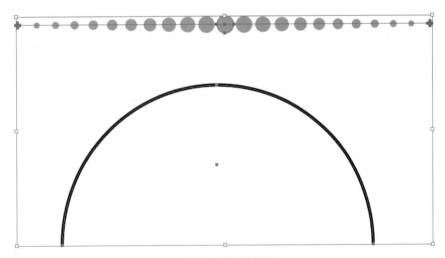

图7-9 绘制的曲线

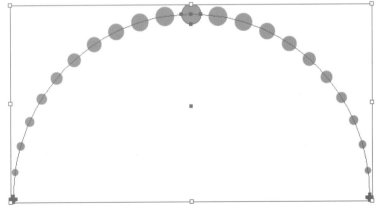

图7-10 替换混合轴后的效果

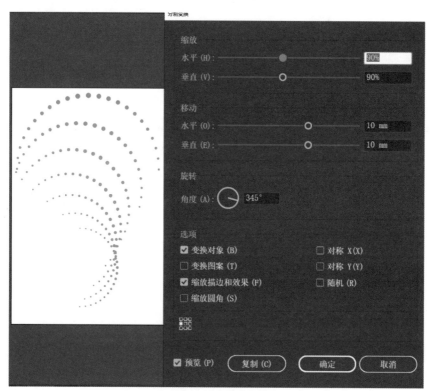

图7-11 变换效果

提示

　　默认情况下"混合工具"混合物体时是以直线的方式来产生中间图形,通过替换中间轴可以改变混合的方向。再配合其他操作,即可很快地制作出不同效果的作品,如将图7-11中的数值适当修改,即可将效果变换。

7.3 晶莹剔透的水滴质感

7.3.1 设计分析

　　使用Illustrator CC制作水滴效果时,需要结合"透明度"面板来完成,在不同的背景色下体现水滴不同的透明效果。而水滴本身是从一种浅颜色渐变至另一种深颜色,同时水滴形状各有不同,这就需要用到混合功能。最后的高光只需要使用白色的填充色来模拟即可,如图7-12所示。

7.3.2 技术概述

　　本案例中使用的工具有钢笔工具、混合工

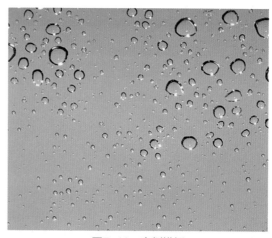

图7-12 案例模板

具、"透明度"面板、"颜色"面板、"渐变"面板等。使用的相关操作有混合选项设置、透明度功能设置等。

7.3.3 操作步骤

1. 绘制水滴形状

1 使用"铅笔工具" ✏ 绘制水滴的外轮廓形状，水滴形状没有固定模式，可以自由变化，如图7-13所示。绘制完成后，可以使用"平滑工具" ✎ 将外轮廓形状修饰平滑。

2 为该外轮廓形状设置粗的描边，同时"填充色"为"无"，如图7-14所示。

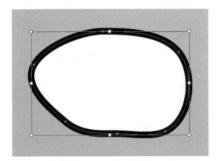

图7-13 水滴形状

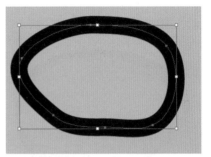

图7-14 设置描边

3 再次使用"铅笔工具"和"平滑工具"绘制水滴上的中心图形，如图7-15所示。将该图形放置在水滴外轮廓图形上方，如图7-16所示。

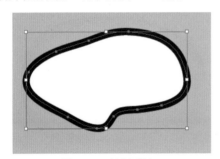

图7-15 绘制形状

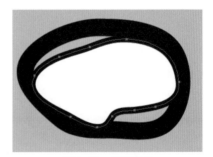

图7-16 置于前方

2. 设置透明度

1 在"透明度"面板中将水滴中心图形的"不透明度"设置为0%，如图7-17所示。

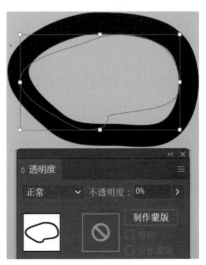

图7-17 设置透明

2 选择这两个图形，执行菜单"对象"/"混合"/"建立"命令，将两个图形混合，如图7-18所示。

3 执行菜单"对象"/"混合"/"混合选项"命令，打开"混合选项"对话框，设置"间距"为"指定的步数"，"数值"为100，如图7-19所示。使用"椭圆工具"为水滴添加"无描边色""白色填充色"的正圆，用来模拟高光部分，如图7-20所示。

4 将该图形群组，放置在不同颜色的背景上，以便查看效果，如图7-21所示。

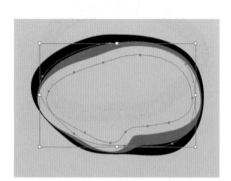

图7-18　建立混合

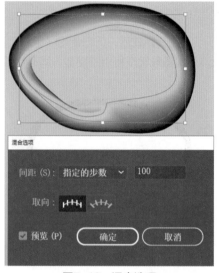

图7-19　混合选项

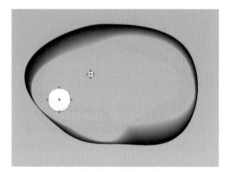

图7-20　添加高光

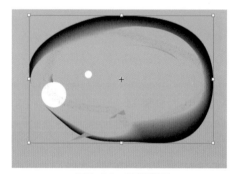

图7-21　设置背景

⬇ 7.3.4　拓展练习 ┃

水滴效果是两个不同属性的图形之间的混合效果。水滴没有固定的形状，这种制作方法可以应用在任何形状的图形上，从而得到更多不同类型的水滴形状，如图7-22所示。

图7-22　不同效果

7.4 时尚插图设计

7.4.1 设计分析

矢量风格由于其色彩绚丽、制作简单而为设计师所喜好。如图7-23所示的矢量风格采用了替换的设计手法，使用大量的花卉来代替人物的头发，这种风格的插图可以通过Illustrator CC中的"符号喷枪工具组"来完成。

图7-23 案例模板

7.4.2 技术概述

本案例中使用的工具有钢笔工具、符号喷枪工具等，使用的相关操作有符号的设置、符号工具的操作等。

7.4.3 操作步骤

1. 创建花卉头饰

❶ 使用"钢笔工具"绘制侧面女人像，或使用素材文档，如图7-24所示。

❷ 打开"符号"面板中的"符号库菜单"，选择"花朵"素材，如图7-25所示。

图7-24 绘制人像

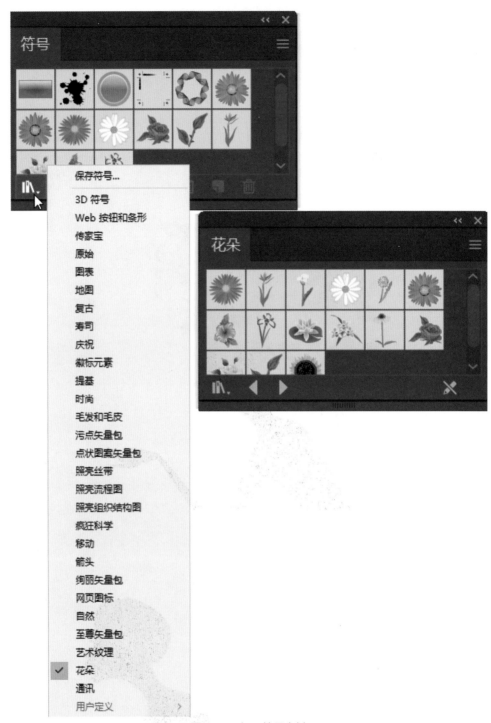

图7-25　打开符号素材

3 选择其中的红色花卉素材，使用"符号喷枪工具" 在人物上部喷涂，如图7-26所示。

4 分别选择不同的花卉符号在人物上部喷涂，如图7-27所示。

图7-26　喷涂符号

图7-27　添加不同符号

2.修改符号

1 使用"符号移位器工具" 对符号进行位置移动，使用"符号紧缩器工具" 对符号进行大小的缩放。分别在图中修改不同的符号，如图7-28所示。

> **注意**
>
> 如果图形中有不同的符号，那么更改时需要在"符号"面板中选择该符号才能对其进行修改。

2 使用"符号着色器工具" 用不同填充色对符号更改颜色，呈现出不同的颜色效果，如图7-29所示。

图7-28　修改符号

图7-29　着色符号

3 最后进行局部上的调整，效果如图7-30所示。

图7-30 局部调整

7.4.4 拓展练习

　　"符号"适合修改大量的同类图形时使用，根据具体情况来考虑是否适合该工具。功能是为效果服务的，更快、更好地创作作品是开发设计软件的初衷。如图7-31所示案例中，既有符号喷枪的大量喷涂，也有单个图形的细微调整，唯一的目的是为了快速实现诸多效果。

图7-31 其他效果

7.5 艺术画笔效果

1. 画笔工具

Illustrator CC支持模拟书法笔效果。画笔工具可以帮助建立模拟书法笔的特殊效果，如图7-32所示。

1 使用"画笔工具"时，需要配合"画笔"面板，选择"画笔笔触"效果，如图7-33所示。

2 在面板中选择不同笔触，即可绘制不同的画笔效果，如图7-34所示。

3 Illustrator CC的系统画笔库文件有更多的笔触可以选择。在菜单"窗口"/"画笔库"中可以打开更多画笔笔触，如图7-35所示。

图7-32 画笔工具

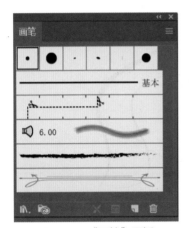

图7-33 "画笔"面板

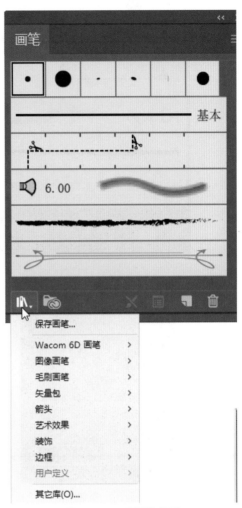

图7-34 不同画笔效果

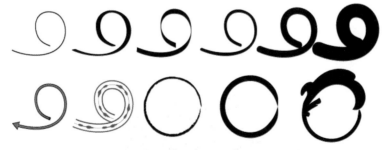

图7-35 更多画笔笔触

4 单击"画笔"面板左上角的按钮，可以打开更多的设置选项，如图7-36所示。可以对笔触进行编辑、管理、切换笔触的显示方式及打开画笔库等操作。如图7-37所示为"新建画笔"对话框。

5 使用"画笔工具"可以绘制出自由随性的线条作品，如图7-38所示。

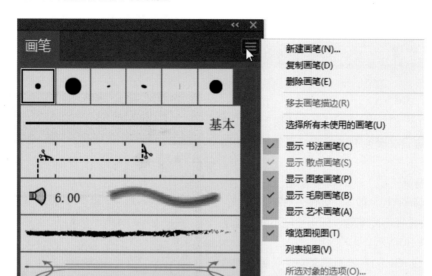

图7-36　隐藏菜单

图7-37　新建画笔

图7-38　画笔人物

2. 其他工具

Illustrator CC中"Shaper工具"可以手绘出标准几何图形；"铅笔工具"可以绘制自由形状的路径；"平滑工具"可以手动修改路径的平滑度；"路径橡皮擦工具"可以擦除路径；"连接工具"可以自动连接开放路径，如图7-39所示。这些工具可绘制出随意自由的线条作品，如图7-40所示。

图7-39　路径编辑工具

双击"铅笔工具"，打开"铅笔工具选项"对话框，对"铅笔工具"进行详细设置，如图7-41所示。

图7-40 铅笔工具和铅笔人物

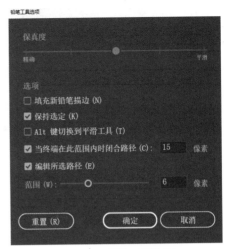

图7-41 铅笔工具选项

"保真度"：设置绘制的线条是趋近还原还是平滑。

"填充新铅笔描边"：将使用填充色填充线条。

"保持选定"：绘制后保持选定状态。

"Alt键切换到平滑工具"：选择"铅笔工具"时，按住Alt键可切换至平滑工具。

"当终端在此范围内时闭合路径"：根据设置的像素值来判断是否闭合路径。

"编辑所选路径"：使用铅笔编辑所选的路径，将其更改为新路径。

"范围"：结合编辑所选路径命令，在一定范围内可以更改。

> **提示**
>
> 时刻关注鼠标状态，判断接下来产生的路径是闭合路径还是开放路径。

7.6 图案设计：重复的力量

7.6.1 设计分析

图案是画笔擅长制作的类型。通过对基本图形的重复，配合图案画笔，对图形的外角、边线、起点和终点分别进行设置，这样就可以非常便捷地将其添加到不同图形的边线上，从而创建出复杂多样的图案效果，如图7-42所示。

7.6.2 技术概述

本案例中使用的工具有钢笔工具、旋转工具、"颜色"面板、"对齐"面板、"画笔"面

图7-42 案例模板

板等，使用的相关操作有图形的旋转复制、画笔的设置等。

7.6.3　操作步骤

1. 设置基本图案

1 使用"钢笔工具"创建图形，形状如图7-43所示。

2 使用"旋转工具" 按住Alt键创建旋转中心点的同时打开"旋转"对话框，设置"角度"为45°，单击"复制"按钮。按Ctrl+D键，重复旋转复制操作，得到旋转后图形，如图7-44所示。

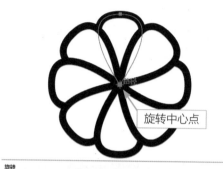

图7-43　创建图形

图7-44　旋转复制

3 使用"椭圆工具"，配合Shift+Alt键在图形的旋转中心点处绘制A、B两个正圆，A圆为"白色填充色、黑色描边"，B圆为"黑色填充、无描边色"。B圆在A圆上方，如图7-45所示。

2. 关于图案拼贴

在设置图案时需要事先制定几项拼贴内容：边线拼贴、外角拼贴、内角拼贴、起点拼贴、终点拼贴。在拼贴时需要考虑到图案各元素之间的对齐问题，可以通过设置图案衬底来对齐。如图7-46所示，蓝色衬底即为图案拼贴时的对齐依据。

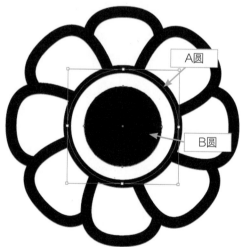

图7-45　绘制圆形

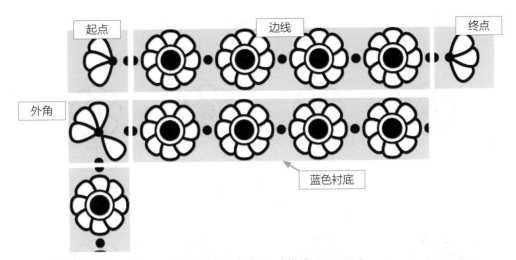

图7-46　图案拼贴

3. 设置图案拼贴

1 使用"矩形工具"配合Shift键绘制正方形，并为其添加"蓝色填充色""无描边色"，如图7-47所示。将该正方形复制两个副本，将其长度拉长后对齐至图中形状，如图7-48所示。这里的3个图形是为设置图案的边线和外角而做衬底。

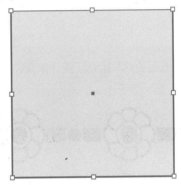

图7-47　创建衬底

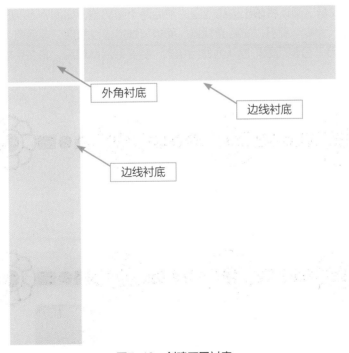

图7-48　创建不同衬底

2 首先设置"边线拼贴"，将之前绘制的基本形状复制并放置在边线衬底上，将其对齐后如图7-49所示。

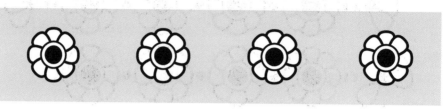

图7-49　创建边线拼贴

3 使用"矩形工具"绘制长方形，将其分别放置在基本形状的两旁，效果如图7-50所示。

图7-50　完善边线拼贴1

4 使用"椭圆工具"绘制正圆，放置在长方形旁边，效果如图7-51所示。

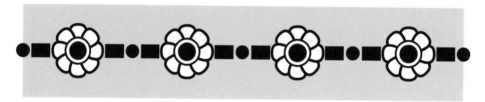

图7-51　完善边线拼贴2

5 使用"路径查找器"面板将超出边线范围的前后两个圆切割，如图7-52所示。执行菜单"窗口"/"路径查找器"命令，打开"路径查找器"面板，选择边线衬底、前后两个圆，单击"分割"按钮，如图7-53所示。分割后图形默认为群组状态，需要取消群组后，将多余部分分别选择删除，如图7-54所示。

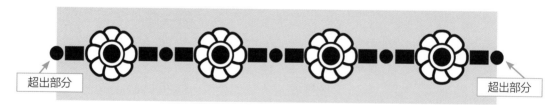

图7-52　超出部分

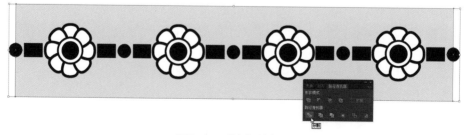

图7-53　分割超出部分

图7-54 分割后效果

6 设置"外角拼贴"时，需要考虑边角图案连接的完整性问题，所以在外角中要设置和边线相连贯的图形。使用"椭圆工具"和"矩形工具"绘制图形，效果如图7-55所示，创建半圆方法同上。从基本形状中复制出部分图形以创建同边线风格一致的图形，如图7-56所示。创建完成的效果如图7-57所示。

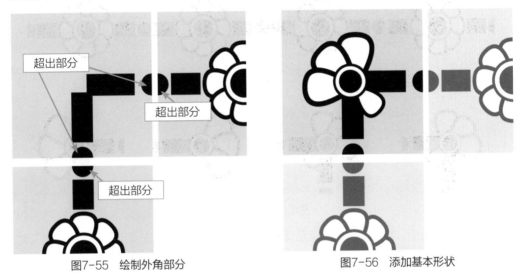

图7-55 绘制外角部分   图7-56 添加基本形状

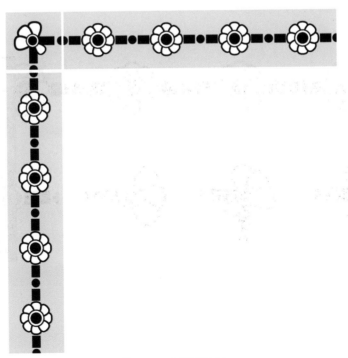

图7-57 创建后效果

7 创建"起点拼贴"和"终点拼贴"的方法同上，效果如图7-58所示。最终创建的拼贴效果如图7-59所示。

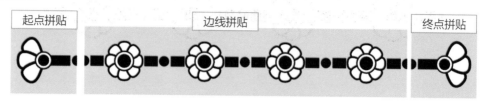

图7-58 起点和终点拼贴

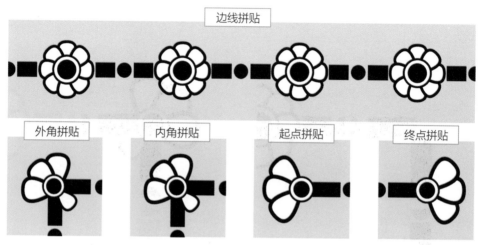

图7-59 各个拼贴

8 打开"画笔"面板，将边线拼贴拖曳至面板中，如图7-60所示。在弹出的"新建画笔"对话框中选择"图案画笔"，单击"确定"按钮，如图7-61所示。在弹出的"图案画笔选项"对话框中设置名称等，单击"确定"按钮，如图7-62所示。在"画笔"面板中可看到创建的图案画笔，如图7-63所示。

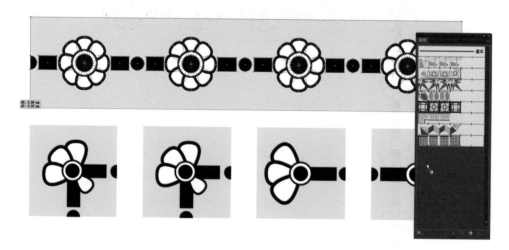

图7-60 拖曳拼贴

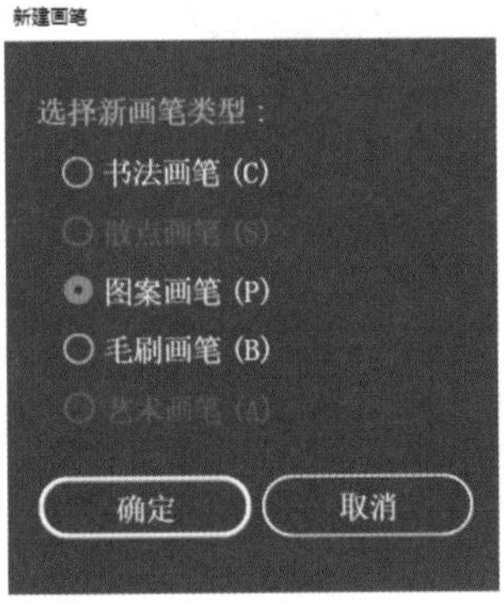

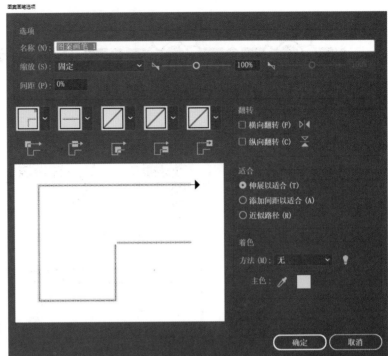

图7-61 新建图案画笔

图7-62 图案画笔选项

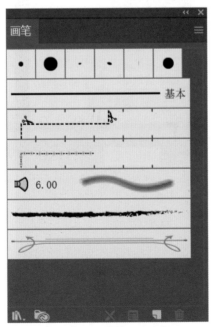

图7-63 创建的图案画笔

9 按住Alt键的同时将"外角拼贴"拖曳添加至面板中，创建图案画笔，如图7-64所示。依次对"内角拼贴""起点拼贴"和"终点拼贴"执行同样操作，如图7-65所示。

注意
在拖曳时各个拼贴的位置要相对应。

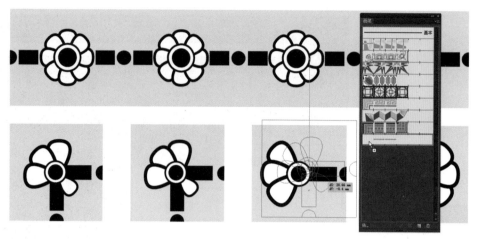

图7-64 拖曳其他拼贴

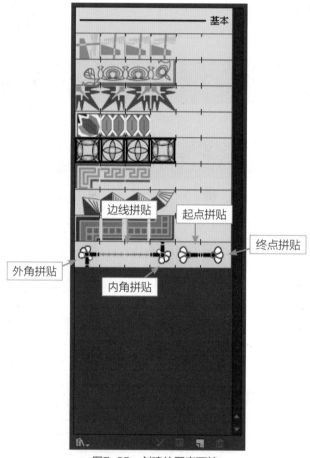

图7-65 创建的图案画笔

4. 添加描边

1️⃣ 使用"矩形工具"绘制矩形，单击"画笔"面板中新创建的图案画笔，将创建的图案添加至图形，如图7-66所示。双击"画笔"面板中的该图案，在弹出的"图案画笔选项"对话框中设置该图案的详细参数，如缩放等，如图7-67所示。单击"确定"按钮，弹出警告对话框，如图7-68所示，提示是否将改变应用于画笔，单击"应用于描边"按钮，画笔缩放效果如图7-69所示。

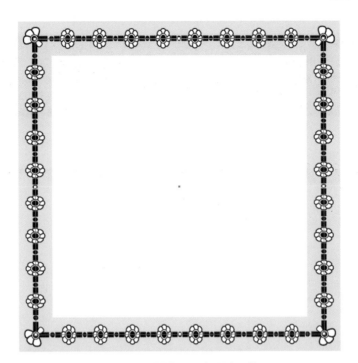

图7-66　绘制矩形添加图案画笔

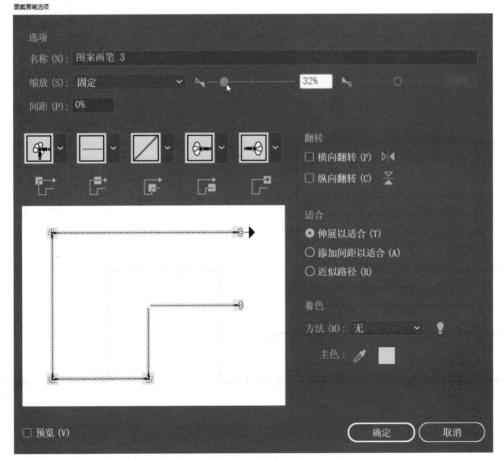

图7-67　调整大小

图7-68　保留描边

图7-69　调整后大小

2 创建不同形态的路径线段，将图案画笔分别添加到路径，可得到灵活多变的图案形状，如图7-70所示。

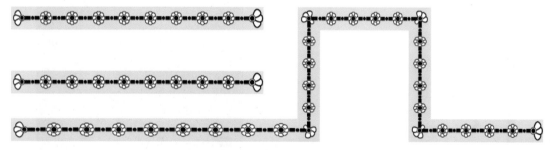

图7-70　为路径添加画笔

7.6.4　拓展练习

　　如图7-71所示的案例中，创建图案时，图案之间各个拼贴的对齐和连续性非常重要，需要考虑图案的"外角""内角""边线""起点"和"终点"之间的相互关系和连接问题。同时为了保证各个拼贴之间的对齐问题，衬底必须存在。如果需要无色衬底，只需要将衬底的"填充色"和"描边色"均设置为"无"即可。

图7-71　其他效果

第8章
设计质感高级实战

8.1 海报3D文字特效

Illustrator CC中可模拟3D效果的图形。执行菜单"效果"/"3D"命令，即可对图形进行3D变换。Illustrator CC的3D效果有三类，如图8-1所示。

"凸出和斜角"：为图形添加厚度和斜角。

"绕转"：将图形旋转360°以创建3D效果。

"旋转"：将图形以任意角度旋转后放置。

"凸出和斜角"效果可以为图形添加厚度感和光照效果，同时保留图形的可编辑性。

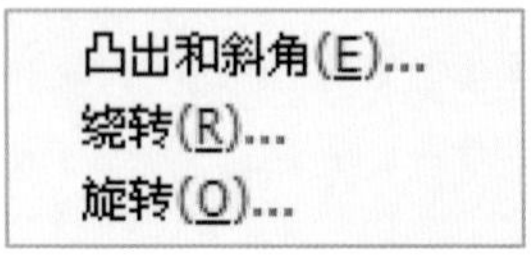

| 凸出和斜角(E)... |
| 绕转(R)... |
| 旋转(O)... |

图8-1 3D效果

① 使用"文字工具"添加点文本，如图8-2所示。

图8-2 创建文本

② 执行菜单"效果"/"3D"/"凸出和斜角"命令，打开"3D凸出和斜角"对话框，如图8-3所示。

③ 在对话框中选择相应的数值，滚动预览窗口中的图形，可将原始图形变形，如图8-4所示。

④ 可以使用相应的工具制作各种不同的效果，如图8-5所示。

3D 凸出和斜角选项

位置 (N): 离轴 - 前方 ⌄

⟳ ◯ -18°

⟳ ◯ -26°

⟳ ◯ 8°

透视 (R): 0° ＞

凸出与斜角

凸出厚度 (D): 50 pt ＞ 端点: ◯ ◯

斜角: ▭ 无 ⌄ 高度 (H): ‑‑‑‑‑ ⏶ ⏷

表面 (S): 塑料效果底纹 ⌄

光源强度 (L): 100% ＞

环境光 (A): 50% ＞

高光强度 (I): 60% ＞

高光大小 (Z): 90% ＞

混合步骤 (B): 25 ＞

底纹颜色 (C): 黑色 ⌄

☐ 保留专色 (V) ☐ 绘制隐藏表面 (W)

☐ 预览 (P) ⟮ 贴图 (M)... ⟯ ⟮ 较少选项 (O) ⟯ ⟮ 确定 ⟯ ⟮ 取消 ⟯

图8-3 凸出和斜角

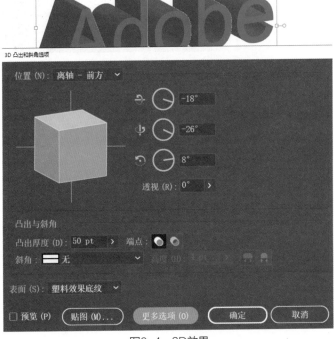

3D 凸出和斜角选项

位置 (N): 离轴 - 前方 ⌄

⟳ ◯ -18°

⟳ ◯ -26°

⟳ ◯ 8°

透视 (R): 0° ＞

凸出与斜角

凸出厚度 (D): 50 pt ＞ 端点: ◯ ◯

斜角: ▭ 无 ⌄ 高度 (H): ‑‑‑‑ ＞

表面 (S): 塑料效果底纹 ⌄

☐ 预览 (P) ⟮ 贴图 (M)... ⟯ ⟮ 更多选项 (O) ⟯ ⟮ 确定 ⟯ ⟮ 取消 ⟯

图8-4 3D效果

图8-5　其他效果

8.2　产品造型设计

"绕转"将路径绕转360°后形成闭合形体。

1 绘制一条任意开放路径。

2 选择菜单"效果"/"3D"/"绕转"命令，打开"3D绕转选项"对话框，如图8-6所示。

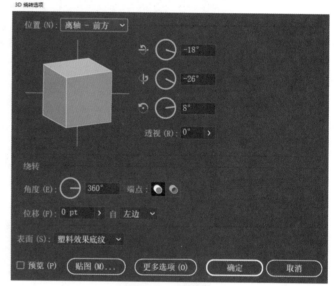

图8-6　3D绕转

3 单击"确定"按钮，可将路径绕转为3D图形，如图8-7所示。

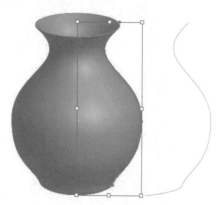

图8-7　绕转前后效果

4 在"3D绕转选项"对话框中，可打开"贴图"对话框为图形贴图，如图8-8所示。贴图时采用"符号"面板中的图形，效果如图8-9所示。

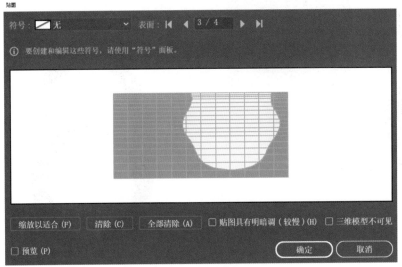

图8-8 贴图

图8-9 贴图后效果

8.3 涂鸦文字效果

8.3.1 设计分析

"3D效果"可以针对文字、路径等设置，如图8-10所示。案例中使用"文字工具"创建文字后为其添加更多的渐变效果，这种渐变效果需要将"凸出和斜角"命令产生的图形单独分离出来进行设置。通过为文字添加更多的高光亮点来增强图形的立体效果，此高光使用了混合工具和透明度设置。

8.3.2 技术概述

图8-10 案例模板

本案例中使用的工具有文字工具、3D命令、"渐变"面板、混合工具、"透明度"面板、钢笔工具等，使用的相关操作有路径菜单命令、凸出和斜角、渐变设置、透明度设置、混合设置等。

8.3.3 操作步骤

1. 文字立体化

1 使用"文字工具"输入文字，选择字体，如图8-11所示。并将该文字转变为轮廓属性，按Ctrl+Shift+O键将其转换为路径，如图8-12所示。

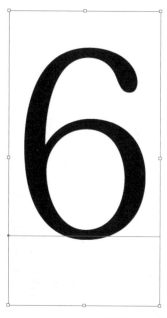
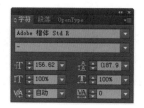

图8-11　创建文字

图8-12　转为曲线

2 使用"偏移路径"功能对文字进行外扩。执行菜单"对象"/"路径"/"偏移路径"命令，打开"偏移路径"对话框。输入数值后单击"确定"按钮，如图8-13所示。数值的大小取决于图形外扩的程度，以到图中所示位置即可。

3 由于只需要外扩后的图形，可以在其图形上单击鼠标右键，在弹出的菜单中选择"取消编组"命令解组，如图8-14所示。解组后将外扩图形和原始图形分开，如图8-15所示。

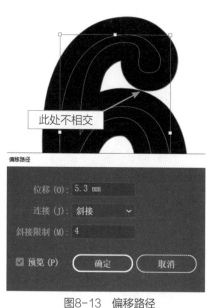

图8-13　偏移路径

图8-14　取消编组

4 为使图形在"3D效果"后能查看区别，可以为图形设置"填充色彩""无描边色"，如图8-16所示。执行菜单"效果"/"3D"/"凸出和斜角"命令，打开"3D凸出和斜角选项"对话框，为其进行3D效果设置，效果如图8-17所示。

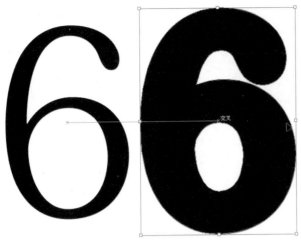

图8-15 解组后分离的图形

图8-16 添加颜色

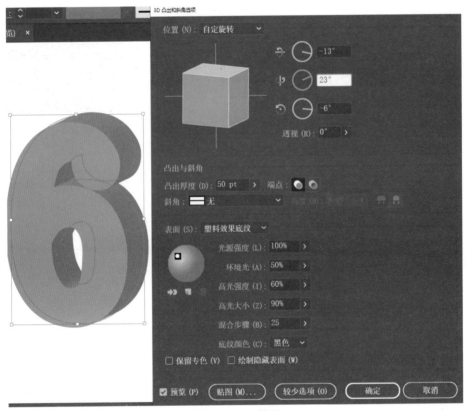

图8-17 3D效果

2. 添加渐变效果

1 现在对图形的厚度填充渐变效果，需要对其进行"扩展"。选择图形，执行菜单"对象"/"扩展外观"命令，效果如图8-18所示。扩展外观后图形的厚度不再是路径显示，而是被转换为闭合区域。对其进行解组操作，以便分离出前置图形和厚度图形。

2 扩展后的"3D效果"被转换为多个图形对象，执行菜单"视图"/"轮廓"命令，可以查看图形的原始路径，如图8-19所示。

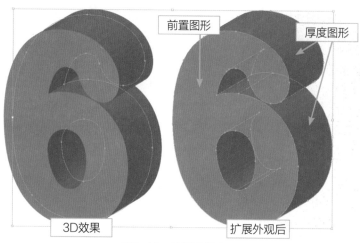

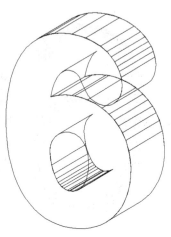

图8-18　扩展后效果

图8-19　轮廓视图

3 为将其进行合并，可以使用"路径查找器"。按Ctrl+Shift+F9键打开"路径查找器"面板，选择上部厚度图形，如图8-20所示，单击面板中的"联集"按钮，效果如图8-21所示。将其他几个图形分批进行合并，合并效果如图8-22所示。

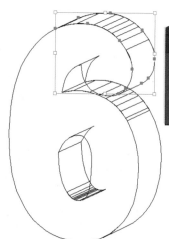

图8-20　合并形状

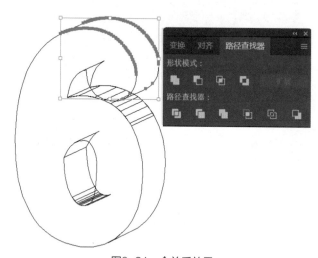

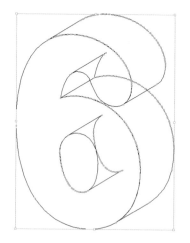

图8-21　合并后效果

图8-22　全部合并后效果

4 对厚度图形添加渐变，渐变的颜色可以使用"深蓝色"至"浅蓝色"再至"深蓝色"的三色线性渐变。颜色数值可以自由把握，如图8-23所示。将各个厚度图形的渐变角度设置为如图8-24所示。

图8-23 添加渐变

图8-24 为其他图形添加渐变

3. 添加细节

1 使用"钢笔工具"在相应位置绘制路径，为图形添加高光，如图8-25所示。对路径执行菜单"对象"/"路径"/"轮廓化描边"命令，效果如图8-26所示。使用"钢笔工具"和"直接选择工具"将描边改为"两端尖头"路径，如图8-27所示。将剩余高光图形改为相应形状，如图8-28所示。

图8-25　添加高光形状

图8-26　轮廓化描边

图8-27　改变形状1

图8-28　改变形状2

2 为其添加渐变，由于需要是高光效果，"渐变类型"设置为"径向渐变"，"渐变颜色"为"白色"至"透明白色"，如图8-29所示。为剩余图形添加同样渐变效果，如图8-30所示。

3 使用"铅笔工具"和"平滑工具"来绘制图形的整体高光，如图8-31所示。使用"渐变"面板为其添加"渐变类型"为"线性渐变","渐变颜色"为"白色"至"透明白色",如图8-32所示。再使用"透明度"面板将整个图形的"不透明度"设置为30%,效果如图8-33所示。

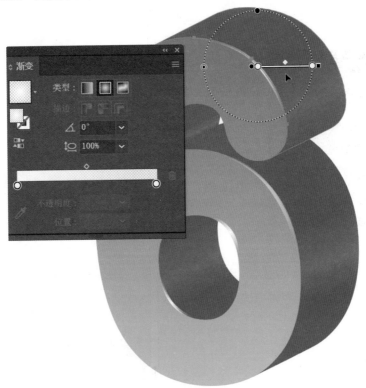

图8-29 添加渐变

图8-30 渐变效果

图8-31 创建图形

图8-32 添加渐变

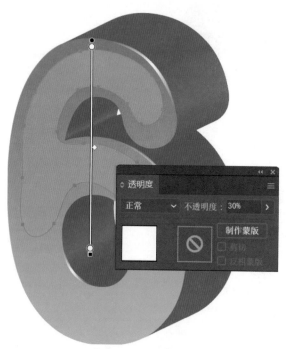

图8-33 添加透明

4 使用"椭圆工具"绘制两个椭圆图形，如图8-34所示。先绘制大圆，再绘制小圆。选择两个图形，执行菜单"对象"/"混合"/"建立"命令或按Alt+Ctrl+B键，将两个椭圆混合，如图8-35所示。使用"直接选择工具"将大圆单独选择，设置"不透明度"为0%，如图8-36所示。将小圆放置在大圆前，如图8-37所示。混合后因图形数量较少而影响效果时，可以执行菜单"对象"/"混合"/"混合选项"命令，打开"混合选项"对话框，将"间距"设置为"指定步数"，步数值调高，效果如图8-38所示。

5 将设置好的混合图形复制副本，分别缩放旋转后放置在相应位置，如图8-39所示。

6 最后调整阶段可以为前置图形添加"从深到浅"的渐变颜色变化，让整个图形显得更加有光感效果，如图8-40所示。

图8-34 创建椭圆

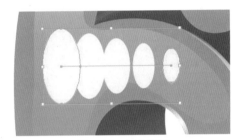

图8-35 混合椭圆

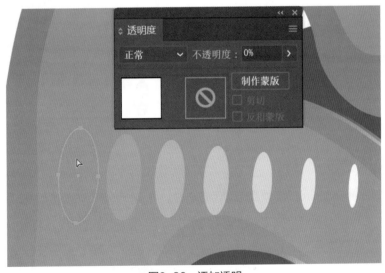

图8-36 添加透明

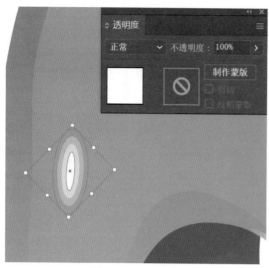

图8-37 调整位置

图8-38 修改混合步数

图8-39 复制副本

图8-40 最终效果

8.3.4 拓展练习

当掌握"3D效果"为图形添加厚度的制作方法后，可以为不同形状的图形添加厚度效果，只需要在颜色上进行适当变化，即可制作出丰富多彩的效果，如图8-41所示。

图8-41 其他效果

第9章
矢量终极效果实战

9.1　终极效果制作技巧1

　　质感是指造型艺术通过不同的表现手段，体现出各种不同的物体所具有的特质。绘画表现物体质感，就是表现物体质地所显现出的可视特征。不同的物质材料构成不同质地的物体，不同质地显现出不同的特征。例如，坚硬或柔软、光滑或粗糙、厚重或单薄、透明或不透明、蓬松或板结等特征。在对质感进行表现时要重点抓住物体质感特征进行描绘，甚至进行强调和夸张。例如，金属反射色光的能力强，木器反射色光的能力弱，并突出纹理，这是它们各自的主要可视特征。Illustrator CC非常擅长表现光滑物体、金属物体等质感。通常使用"渐变""透明"和"网格工具"来表现质感。而"网格工具"又是完善"渐变"的重要功能，所以掌握"网格工具"的操作方法就成了表现复杂质感的重要手段。

> **提示**
> 　Illustrator CC 2019的渐变支持自由渐变，也可表现更多质感类型。

　　为图形创建网格有两种方式：一是使用"网格工具" 🔲 在图形路径或内部单击；二是使用菜单"对象"/"创建渐变网格"命令为其添加网格线。第二种方式会随机生成网格线。

　　通过"蒙版"为"网格"添加自由形状，从而改变"网格"外观的方法常用于创建较为简单的造型。

1 使用"矩形工具"绘制矩形后，执行菜单"对象"/"创建渐变网格"命令，为其添加网格线，并填充颜色，效果如图9-1所示。

2 使用"椭圆工具"绘制花卉形状，作为"蒙版"图形，效果如图9-2所示。创建时可使用"椭圆工具"绘制单独椭圆，然后使用"旋转工具"进行旋转复制后，将全部图形执行"路径查找器"/"联集"命令即可得到。

3 将"花卉"图形置于"矩形网格"前方，全选两个图形，执行菜单"对象"/"剪切蒙版"/"建立"命令或按Ctrl+7键，效果如图9-3所示。

图9-1 矩形网格

图9-2 花卉形状

图9-3 效果

9.2 终极效果制作技巧2

在创建"网格对象"时，"网格"会根据图形的路径走向和锚点位置来确定"网格定位点"，这样由"对象"/"创建渐变网格"命令产生的网格线就会不受控制地随机出现，所产生的网格线很难满足接下来的制作需要，如图9-4所示，产生的网格线就非常杂乱。这时就需要通过前期手动调整来确定"网格定位点"的位置，从而得到理想的"网格线"，如图9-5所示。

> **提示**
> 网格线上的颜色面积由三条网格线来控制范围。

1 使用"文字工具"创建S字母，并选择"字体"为Arial。对其执行菜单"文字"/"创建轮廓"命令或按Ctrl+Shift+O键，将其转换为轮廓。再对其执行菜单"对象"/"锁定"/"所选对象"命令或按Ctrl+2键，将其锁定，效果如图9-6所示。

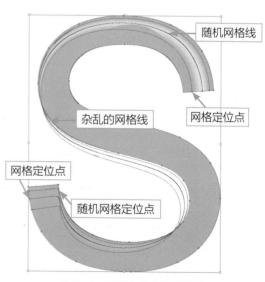

图9-4 不符合需求的网格线

图9-5 合理的网格线

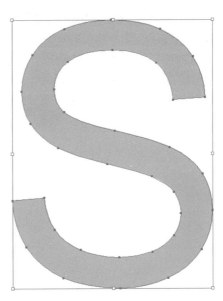

图9-6 字母S

2 使用"矩形工具"创建矩形,效果如图9-7所示。将矩形的高度调至S字母的高度。

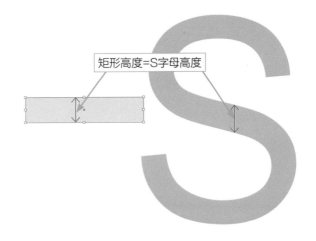

图9-7 矩形

3 对矩形执行菜单"对象"/"创建渐变网格"命令,为其添加1行2列的网格,这样的网格既可以确定矩形的中心,又便于更改网格图形,如图9-8所示。

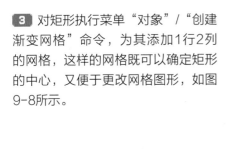

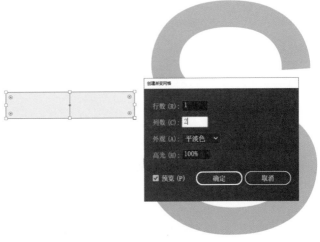

图9-8 创建网格

4 找到S字母的中心位置，将矩形网格的中心对应放置，如图9-9所示。

5 使用"直接选择工具"将矩形网格定位点定位于S字母端点中，如图9-10所示。依次将定位点对应后调整控制柄至合适位置，如图9-11所示。至此可看到图形中缺少一些锚点来完善形状，可以在适当位置添加锚点从而解决外轮廓形状，如图9-12所示。

6 使用"网格工具"在S字母起点位置添加网格线，这时的网格线就非常适合S图形，如图9-13所示。再使用"直接选择工具"或者"套索工具"选择相应锚点为其添加颜色，效果如图9-14所示。

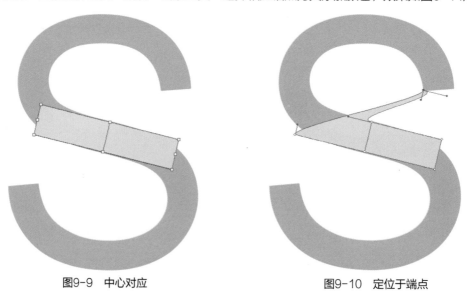

图9-9　中心对应　　　　　　　　　　　　　　　图9-10　定位于端点

图9-11　调整控制柄

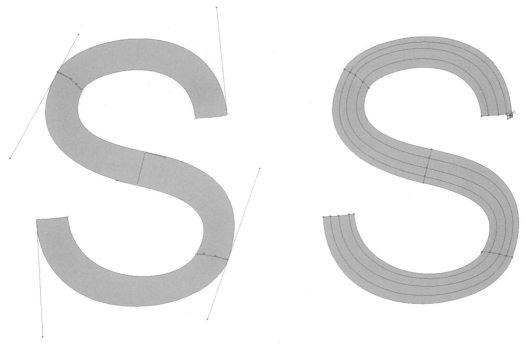

图9-12 添加锚点　　　　　　　　　　　图9-13 添加网格线

图9-14 添加颜色效果

9.3 工业设计质感表现：金属与液体的完美体现

9.3.1 设计分析

金属质感的特点是光滑且反光强烈，同时金属质感物体的"明暗交界线"非常清楚，所以在表现金属质感时就需要考虑图形的"明暗交界线"和"反光"的主次关系。而液体质感较为柔和，同时"反光"较金属来说不会那么强烈，表现好两者之间的差别才能在制作时收放自如，如图9-15所示。案例效果是金属桶内放置油漆液体，需要表现更为细腻的反光细节。

9.3.2 技术概述

本案例中使用的工具有矩形工具、网格工具、吸管工具、"颜色"面板、"渐变"面板、"对齐"面板等，使用的相关操作有网格的设置、颜色的提取、图形前后顺序等。

9.3.3 操作步骤

图9-15 案例效果

1. 金属桶身

1 打开素材文件，注意观察素材图片中的颜色分布，首先根据颜色来确定"网格线"的位置布局，通过"网格线"来确定"网格定位点"的位置布局。

2 确定这个作品大致分为几个组成部分："桶身""桶厚度""桶内壁""桶提手"和"桶内液体"。首先从面积最大的"桶身"开始绘制。"桶身"面积最大，颜色过渡较为细腻的部分，比较好绘制。结合之前讲的"网格"建立技巧，需要将桶身的网格线整理为如图9-16所示状态，才能在合适的位置更改颜色。

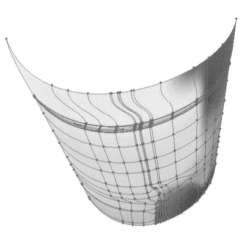

3 使用"矩形工具"创建矩形，执行菜单"对象"/"创建渐变网格"命令，将其转换为2列2

图9-16 桶身的网格线

行的网格图形，如图9-17所示。将矩形形状更改为如图9-18所示的图形轮廓，注意各个"定位点"更改前后的位置关系，以及"轮廓边线"的形状，只有这样才能在图形内部创建合适的网格线。使用"网格工具"在图形内部创建"网格定位点和网格线"，效果如图9-19所示。

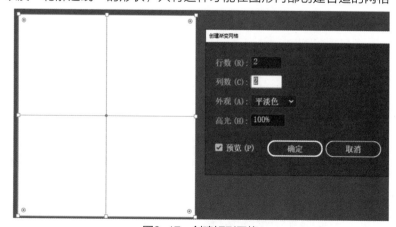

图9-17 创建矩形网格

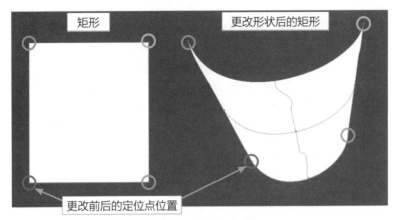

图9-18　更改矩形形状

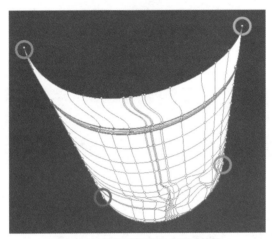

图9-19　创建网格定位点和网格线

4 分别使用"吸管工具"和"直接选择工具"/"套索工具"，依次选择节点，为节点添加适当的颜色，颜色可以通过"吸管工具"在素材图中吸取，如图9-20所示为添加颜色前后的效果。桶身效果如图9-21所示。

提示

网格线的建立不用完全遵从于案例效果，以实现效果为首要标准，网格线可以随意变换。

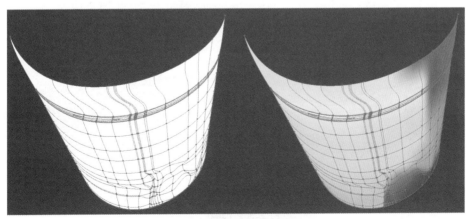

图9-20　添加颜色前后的效果

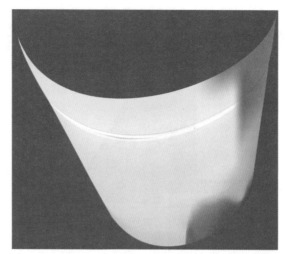

图9-21　桶身效果

5 使用"矩形工具"绘制矩形，并将其转为渐变网格后，将网格定位点照图中图形定位好，并将外轮廓线更改为图中形状，通过"网格工具"创建网格线，效果如图9-22所示。

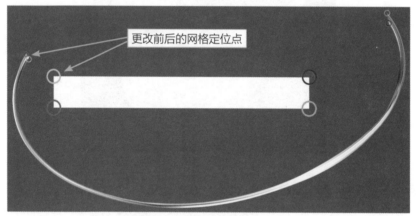

图9-22　更改矩形网格定位点1

6 使用同样的方法绘制矩形，将其转为渐变网格，设置定位点位置，将外轮廓线更改为图中形状，如图9-23所示。

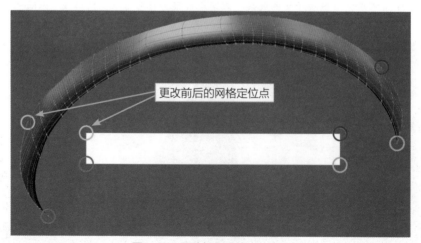

图9-23　更改矩形网格定位点2

7 将三个图形合并后效果如图9-24所示。

图9-24 合并后效果

2. 金属提手

1 使用"矩形工具"绘制矩形，将其转为渐变网格，将图形外形更改为如图9-25所示形状，注意图形定位点的位置关系。使用同样的方法创建如图9-26所示的形状。将图形合并后效果如图9-27所示。

图9-25 形状1

图9-26 形状2

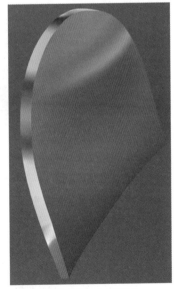

图9-27 合并效果

2 使用"椭圆工具"绘制白色椭圆模拟镂空效果，如图9-28所示。使用"矩形工具"创建渐变网格图形，效果如图9-29所示。将该图形放置在之前图形上方，效果如图9-30所示。

3 使用同样的方法将矩形更改为网格，制作如图9-31所示的4个零部件，将其组合后效果如图9-32所示。注意考虑这4个零部件各自的定位点如何分布。

图9-28　椭圆

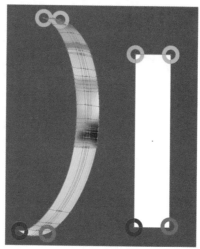

图9-29　网格图形

图9-30　组合图形

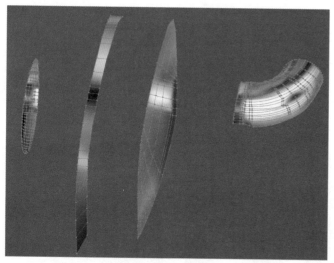

图9-31　制作零部件

图9-32　组合零部件

4 使用矩形改网格的方法制作提手，注意提手的4个定位点位置关系及外轮廓形状，效果如图9-33所示。将制作的所有零件与桶身相结合后效果如图9-34所示。

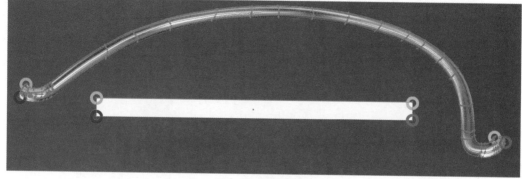

图9-33　制作提手

图9-34 桶的效果

3. 红色液体

1️⃣ 使用"矩形工具"绘制网格形状，液体部分分为四组："桶内液体""桶上液体""桶壁液体"和"桶底液体"。利用"矩形转网格"的操作方法将矩形依次转变为所需形状，注意各自网格定位点的位置关系，同时注意内部网格线形状，内部网格线形状可以通过调整图形外轮廓线和图形中心线形状来决定其他内部网格线形状，如图9-35至图9-38所示。

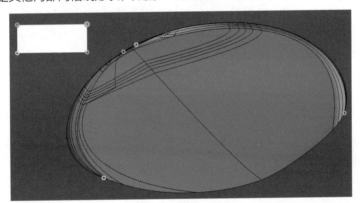

图9-35 桶内液体

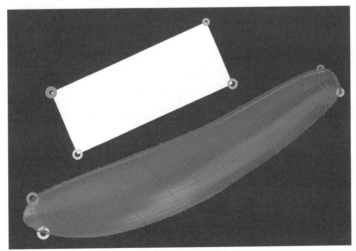

图9-36 桶上液体

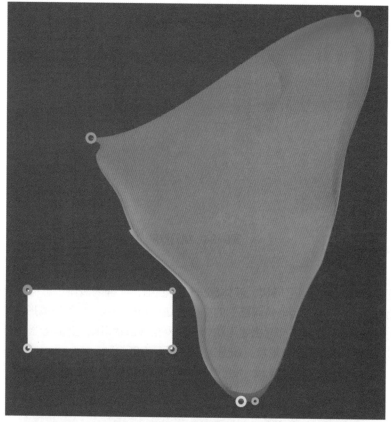

图9-37 桶壁液体

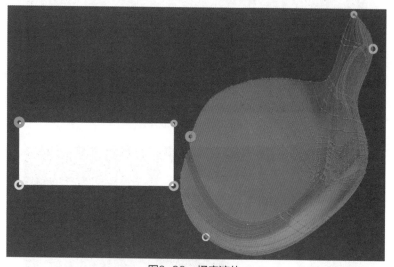

图9-38 桶底液体

2 将绘制的形状依次放入桶体内部，注意前后关系，如图9-39和图9-40所示。

3 为"红色液体"添加更多反光细节，如图9-41所示。最终效果如图9-42所示。

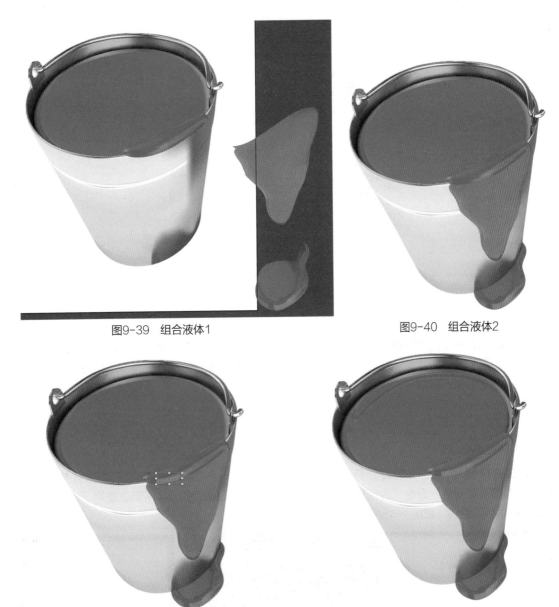

图9-39 组合液体1　　　　　　　图9-40 组合液体2

图9-41 添加细节　　　　　　　图9-42 最终效果

9.4 插画设计: 矢量花卉

9.4.1 设计分析

　　"花卉"的绘制分为两部分: "花瓣"和"花蕊"。"花瓣"的绘制是对"网格工具"操作的考验,熟练使用"网格工具"会使"花瓣"绘制效率加快。"花蕊"的绘制则较为简单,只需要使用"渐变工具"来模拟"花蕊"的受光即可,花蕊不同的高光效果则是通过效果的滤镜命令来完成,如图9-43所示。

图9-43 案例模板

9.4.2 技术概述

本案例中使用的工具有矩形工具、网格工具、渐变工具、"渐变"面板、"色板"面板、吸管工具、效果菜单等，使用的相关操作有矩形工具的应用、渐变网格的操作、渐变的设置、吸管工具的操作、视图的缩放、高斯模糊命令等。

9.4.3 操作步骤

1. 制作花瓣

1 打开素材图片，从 "花瓣"开始绘制，首先使用"矩形工具"创建矩形，执行菜单"对象"/"创建渐变网格"命令，为矩形创建渐变网格为1行1列，如图9-44所示。使用"网格工具"为其添加中心网格线，如图9-45所示。

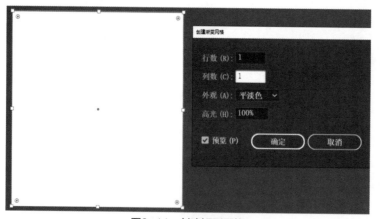

图9-44 创建矩形网格

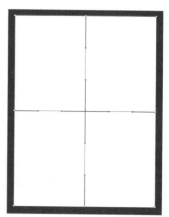

图9-45 添加中心网格线

2 将矩形网格更改为如图9-46所示形状，注意网格定位点的位置及中心线形状。为更改后的图形添加网格线，如图9-47所示。

提示

"花瓣"中一缕一缕的颜色渐变就需要考虑3条网格线控制颜色范围的因素。

3 选择全部节点，为其填充统一颜色，如图9-48所示。

4 使用"套索工具"选择下部节点，为其填充较深的红色，如图9-49所示。选择节点继续添加较浅的红色，如图9-50所示。

5 使用"套索工具"选择单个节点，为其填充红色，如图9-51所示。依次选择单个节点，添加深浅不同颜色，模拟花瓣纹理，如图9-52所示。填充完毕后效果如图9-53所示。

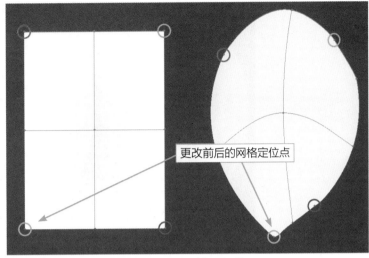

更改前后的网格定位点

图9-46 更改矩形网格

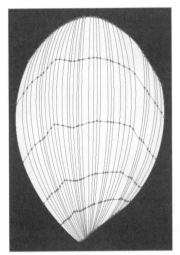

图9-47 添加网格线

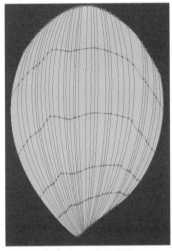

图9-48 填充颜色

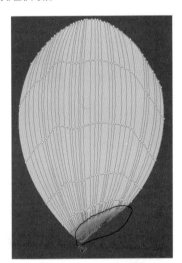

图9-49 填充下部颜色

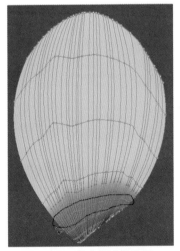

图9-50 填充较浅的红色

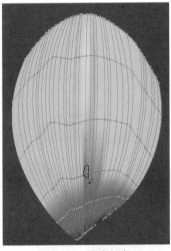

图9-51 填充红色

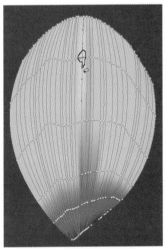

图9-52 填充不同颜色

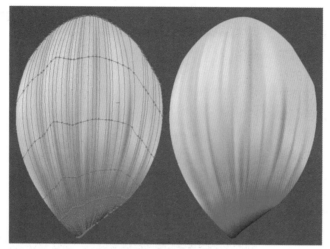

图9-53　填充后效果

6 选择上部节点为其填充亮色部分，如图9-54所示。

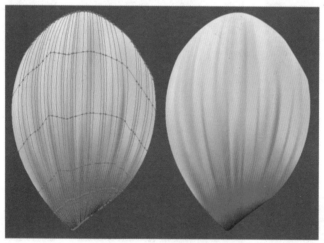

图9-54　填充亮色

7 绘制椭圆，置于花瓣下方，如图9-55所示。以便对比形状绘制花卉。

图9-55　绘制椭圆

8 使用同样方法绘制其他花瓣，如图9-56所示。重复多次操作后，绘制好的花卉花瓣如图9-57所示。

图9-56 绘制其他花瓣

图9-57 花瓣效果

2. 制作花蕊

1 使用"椭圆工具"绘制椭圆，如图9-58所示。并为其填充渐变色，渐变色颜色可根据素材图片颜色来调整，如图9-59所示。

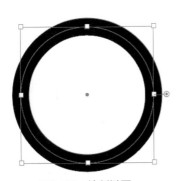

图9-58 绘制椭圆

图9-59 填充渐变

2 将填充渐变的椭圆拉长，效果如图9-60所示。根据素材图片的花蕊部分的颜色来绘制多种不同颜色渐变，如图9-61所示。

3 "花蕊"高光部分较为柔和，使用"椭圆工具"绘制椭圆，椭圆为"白色填充""无描边色"，如图9-62所示。

图9-60　拉长椭圆

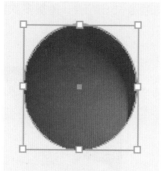

图9-61　多种不同颜色渐变

图9-62　制作高光

4 执行菜单"效果"/"模糊"/"高斯模糊"命令，将"白色椭圆"边缘柔和处理，通过调整"半径"来决定柔和程度，根据图中效果来设置，不需要完全参照图中数值，如图9-63所示。

图9-63　边缘柔化

5 使用"透明度"面板将高斯模糊后的"白色椭圆"透明度降低，如图9-64所示。高光部分变得柔和起来。

6 使用同样方法处理多个高光点，如图9-65所示。绘制多个椭圆并为其添加不同高光点，如图9-66所示。

图9-64　降低透明度

图9-65　处理多个高光

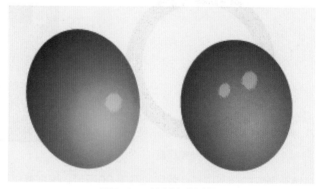

图9-66　绘制多个椭圆

7 重复以上操作，根据不同"花蕊"的受光面和颜色情况，绘制多个花蕊，绘制的原则为中心部分花蕊颜色较浅、高光较多，边缘花蕊颜色较深、高光较少，如图9-67所示。

3. 组合花卉

1 将花蕊放置花瓣内部，效果如图9-68所示。

图9-67　花蕊

图9-68　置于内部

2 使用同样的方法绘制多个花瓣和花蕊，可以将之前绘制的花瓣形状通过缩放和旋转等方法得到形状不同的花瓣，从而组合出新的花卉，如图9-69所示。

3 为其添加更多细节，如图9-70所示。并将底色调整为合适颜色，如图9-71所示。

图9-69　不同组合

图9-70　添加细节

图9-71　最终效果

9.4.4 拓展练习

　　玻璃制品的反光会更加细腻，同时迎光面和背光面的反光形状会更加清晰。在使用Illustrator CC绘制玻璃质感的作品时，需要在整体的细腻光感效果之上添加多个反光形状，如图9-72所示作品中，玻璃制品的高光是通过将白色图形降低透明度模拟出来，这样处理会使得玻璃制品和其他物体的质感有所区别。到此，Illustrator CC的核心效果和多数工具你都已经掌握。该案例制作非常复杂，对于初学者来说会产生不可完成的错觉。但系统学习本书的读者通过分析可以发现，案例当中有很多重复性工作，如很多图形都采用"矩形转网格"的绘制方法，只需要将大体网格建立完成后，再细部建立"网格线"并为其填充合适颜色即可。

图9-72　玻璃质感